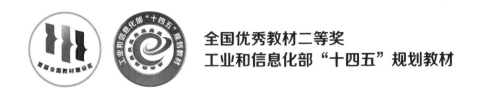

全国优秀教材二等奖

工业和信息化部"十四五"规划教材

现代空中交通管理
（第2版）

张 军 编著

北京航空航天大学出版社

内 容 简 介

本书主要内容包括:绪论、空管数据链通信系统、空管导航系统、空管监视系统、空中交通服务、空域管理、空中交通流量管理、未来空管系统发展。

本书可作为高等工科院校本科生、研究生教材,参考学时为48学时;也可作为有关教师和工程技术人员的参考用书。

图书在版编目(CIP)数据

现代空中交通管理/张军编著. -- 2版. -- 北京：
北京航空航天大学出版社，2023.12
ISBN 978 - 7 - 5124 - 4004 - 3

Ⅰ. ①现… Ⅱ. ①张… Ⅲ. ①空中交通管制－教材
Ⅳ. ①V355.1

中国国家版本馆CIP数据核字(2023)第014073号

版权所有，侵权必究。

现代空中交通管理(第2版)
张 军 编著
策划编辑 蔡 喆 责任编辑 董 瑞 蔡 喆
*
北京航空航天大学出版社出版发行
北京市海淀区学院路37号(邮编100191) http://www.buaapress.com.cn
发行部电话:(010)82317024 传真:(010)82328026
读者信箱:goodtextbook@126.com 邮购电话:(010)82316936
北京富资园科技发展有限公司印装 各地书店经销
*
开本:787×1 092 1/16 印张:11.25 字数:288千字
2023年12月第2版 2023年12月第1次印刷 印数:1 000册
ISBN 978 - 7 - 5124 - 4004 - 3 定价:49.00元

若本书有倒页、脱页、缺页等印装质量问题,请与本社发行部联系调换。联系电话:(010)82317024

前　言

空中交通管理系统是我国实施空域管理、保障飞行安全、实现空中交通运输高效有序运行、捍卫我国空域权益的核心系统，是国家综合交通运输体系和国土防空体系的重要组成部分。

随着航空运输量的持续增长，传统陆基空管系统逐渐暴露出运行安全、容量和效率方面的问题，难以适应航空运输业的发展需求。为此，国际民航组织提出了以卫星技术为基础，集航空通信、导航、监视和空中交通管理于一体的运行概念和实施方案，也就是"新航行系统"(CNS/ATM)。欧美航空发达国家高度重视新航行系统的发展，美国提出了"下一代航空运输系统"(NextGen)的概念，欧洲实施了"单一欧洲天空空管研究"(SESAR)计划。我国也于2016年提出了"中国民航空管现代化战略"(CAAMS)。

现代空中交通管理系统具有网络化、数字化和智能化的显著特征，采用现代卫星、信息、网络和自动化技术，将星基系统与现行陆基系统高度集成，构成空天地一体化通信、导航、监视系统，为民航飞机的全球飞行提供安全、高效、可靠的空中交通服务。现代空中交通管理技术直接影响到航空运行安全保障与国家空域资源配置能力，它涉及信息与通信工程、航空宇航科学与技术、交通运输工程等多个学科的交叉融合。

编者聚焦国家空中交通管理系统的战略需求，紧密结合国内外空管系统技术的发展前沿，以北京航空航天大学交通信息工程及控制专业建设、人才培养、科研攻关等实践中的研究成果为基础，编撰此书。

本书在内容安排上，突破了传统空中交通管理教材以空中交通运行管理业务系统介绍、业务功能流程讲解为线索的思路，重点以现代空中交通管理通信、导航和监视技术发展以及对空中交通管理技术的推动为主线进行编写。教材突出"科教融合"，结合作者所在空中交通管理团队近年来所取得的教学科研成果，重点阐述了现代通信、导航、监视技术与空中交通管理技术的关系，揭示了现代空中交通管理变革的核心内容。

本书由张军院士主编，朱衍波研究员、蔡开泉教授、张学军教授、薛瑞教授和杨杨讲师参与了相关内容的编写和审核。

感谢教育部，科学技术部，工业和信息化部，国务院、中央军委国家空中交通管制委员会办公室，中国民用航空局等单位对本书涉及的相关背景项目的支持和对作者研究团队的支持。

本书可作为航空信息工程、交通信息工程、通信与信息技术等领域的本科生和硕(博)士研究生以及空中交通管理专业人员、飞行专业人员的教学用书;也可作为从事现代空中交通管理、航空通信、航空导航及相关领域研究人员和空管爱好者的参考用书。

限于编者的水平,书中的不足之处诚恳地希望读者批评指正。

张 军

2023 年 3 月 28 日于北京航空航天大学

目　　录

第1章　绪　论 ··· 1
1.1　空中交通管理的发展历程 ··· 1
1.2　空中交通管理的定义 ·· 3
1.3　空中交通管理系统的现代化 ··· 4
1.3.1　技术发展趋势 ··· 4
1.3.2　技术特征 ··· 5
1.3.3　关键技术 ··· 5
1.4　航空系统组块升级计划 ·· 6
1.5　各国空管的发展 ··· 8
1.5.1　美国"下一代航空运输系统" ··· 8
1.5.2　欧洲"单一欧洲天空空管研究" ······································ 10
1.5.3　"中国民航空管现代化战略" ··· 12
思考题 ··· 13

第2章　空管数据链通信系统 ··· 14
2.1　概　述 ·· 14
2.1.1　空管数据链 ··· 16
2.1.2　空管通信网络 ··· 16
2.1.3　航空通信业务 ··· 17
2.2　空管窄带数据链 ·· 17
2.2.1　甚高频数据链系统 ··· 18
2.2.2　高频数据链系统 ··· 23
2.2.3　窄带卫星数据链系统 ··· 24
2.3　空管宽带数据链 ·· 27
2.3.1　L频段数字航空通信系统 ··· 27
2.3.2　航空移动机场通信系统 ··· 31
2.3.3　宽带卫星数据链系统 ··· 34
2.4　空管通信网络 ··· 37
2.4.1　ACARS网络 ··· 38
2.4.2　ATN网络 ·· 44
思考题 ··· 51

第 3 章 空管导航系统 ……………………………………………………………… 52

3.1 概　述 ……………………………………………………………………… 52
3.1.1 陆基无线电导航系统 ……………………………………………… 53
3.1.2 全球卫星导航系统 ………………………………………………… 55
3.1.3 PBN 及应用 ………………………………………………………… 58

3.2 卫星定位原理 ……………………………………………………………… 61
3.2.1 系统组成和基本原理 ……………………………………………… 61
3.2.2 卫星位置的计算 …………………………………………………… 63
3.2.3 卫星到接收机间伪距测量 ………………………………………… 64
3.2.4 定位解算 …………………………………………………………… 65

3.3 卫星导航增强系统 ………………………………………………………… 67
3.3.1 空基增强系统 ……………………………………………………… 68
3.3.2 星基增强系统 ……………………………………………………… 71
3.3.3 地基增强系统 ……………………………………………………… 76

思考题 …………………………………………………………………………… 79

第 4 章 空管监视系统 ……………………………………………………………… 80

4.1 概　述 ……………………………………………………………………… 80
4.1.1 雷　达 ……………………………………………………………… 81
4.1.2 自动相关监视系统 ………………………………………………… 83
4.1.3 多点定位系统 ……………………………………………………… 87
4.1.4 PBS ………………………………………………………………… 88

4.2 多源协同监视 ……………………………………………………………… 89
4.2.1 多源协同监视技术原理 …………………………………………… 89
4.2.2 多源协同监视航迹融合技术 ……………………………………… 90
4.2.3 多源协同监视技术应用情况 ……………………………………… 93

4.3 机场场面监视 ……………………………………………………………… 95
4.3.1 A-SMGCS …………………………………………………………… 95
4.3.2 机场场面监视的典型应用 ………………………………………… 96

思考题 …………………………………………………………………………… 98

第 5 章 空中交通服务 ……………………………………………………………… 99

5.1 概　述 ……………………………………………………………………… 99
5.1.1 空中交通管制服务 ………………………………………………… 99
5.1.2 飞行情报服务 ……………………………………………………… 102
5.1.3 航空气象服务 ……………………………………………………… 102

5.2 数字化管制服务 …………………………………………………………… 103
5.2.1 信息类服务 ………………………………………………………… 103

| 5.2.2 指令类服务 | 104 |

5.3 广域信息管理	105
5.3.1 体系架构	106
5.3.2 信息交换标准	108
思考题	110

第6章 空域管理 · 111

6.1 概述	111
6.1.1 空域的划分	111
6.1.2 空域的分类	113
6.1.3 我国空域现状	113
6.2 空域管理的概念与内涵	117
6.2.1 空域规划	117
6.2.2 空域运行管理	122
6.3 空域容量评估	123
6.3.1 容量的基本概念	123
6.3.2 空域容量评估方法	124
6.4 空域安全评估	125
6.4.1 空域安全评估的基本概念	125
6.4.2 基于Reich碰撞风险模型的空域安全评估方法	126
6.4.3 RVSM空域运行安全评估	130
思考题	133

第7章 空中交通流量管理 · 134

7.1 概述	134
7.1.1 组织机构	134
7.1.2 运行阶段与管理措施	135
7.2 离港航班地面等待程序	137
7.2.1 降落容量受限的地面等待程序模型分析	137
7.2.2 起降容量相互影响的地面等待程序模型分析	141
7.3 进港航班排序调度	147
7.3.1 进港航班单跑道排序调度模型分析	147
7.3.2 进港航班多跑道排序调度模型分析	149
思考题	151

第8章 未来空管系统发展 · 152

8.1 概述	152
8.2 空天地一体化空事系统	153
8.2.1 国内外发展现状	153

8.2.2 关键技术 ·· 155
　8.3 基于四维航迹的运行 ··· 156
　　　8.3.1 国内外发展现状 ·· 157
　　　8.3.2 关键技术 ·· 158
　8.4 无人机空管技术 ··· 158
　　　8.4.1 国内外发展现状 ·· 159
　　　8.4.2 关键技术 ·· 161
　思考题 ··· 163

附录　英文缩略语 ··· 164

参考文献 ··· 168

第 1 章 绪 论

空中交通管理(Air Traffic Management,ATM,简称空管)的发展经历了 4 个主要阶段,先后出现了程序管制和雷达管制两种主要的管制方式,并形成了以卫星技术、计算机技术为基础的现代空管新航行系统。空中交通管理对飞行全过程进行管理和控制,目的是确保飞行安全并维护空中交通秩序,它以空管通信、导航和监视系统为基础,主要包括空域管理(Airspace Management,ASM)、空中交通服务(Air Traffic Service,ATS)和空中交通流量管理(Air Traffic Flow Management,ATFM)。新航行系统基于星基通信、星基导航和星基监视所提供的全球无缝通信、导航和监视能力,实现空中飞行态势的准确监视和飞行活动的全球协调运行,从而大大提高了飞行安全保障能力和空域利用效率。国际民航组织(International Civil Aviation Organization,ICAO)发布了航空系统组块升级计划,提出了现代化空管系统能力建设和技术发展的具体路线图。围绕空管新航行系统,美国提出了"下一代航空运输系统"计划,欧洲提出了"单一欧洲天空空管研究"计划。

知识点
- 空中交通管理的定义
- 航空系统组块升级计划
- 美国"下一代航空运输系统"计划
- 欧洲"单一欧洲天空空管研究"计划
- "中国民航空管现代化战略"

1.1 空中交通管理的发展历程

在航空活动的初期,飞机数量和飞行架次少,飞行安全和秩序主要由飞行员自主保证。随着商业飞行的开始,空中交通的范围越来越大,密度也越来越大,为了保障安全和提高效率,要求飞行活动能按照一定的规则来组织进行,这就形成了空中交通管理。空中交通管理经历了 4 个主要发展阶段。

1. 第一阶段:空管的萌芽

在 20 世纪 30 年代以前,飞机的最大飞行距离只有几百千米,而且只能在天气较好的白天飞行。飞行员基于观察与避让实现空中安全飞行,因而按照日视的原则制定了目视飞行规则(Visual Flight Rules,VFR)。在飞行密度大的繁忙机场,首先出现专门管理飞机起飞和降落的人员,以确保空中交通安全、有序的运行。起初管制员使用红旗和绿旗来指挥,但这容易受天气和夜间的影响,所以很快信号灯就取代了旗子,处于机场最高位置的塔台也随之建立。

2. 第二阶段:空管的雏形

在 1934—1945 年期间,诞生了载客量在 20 人以上、飞行速度达到 300 km/h 的飞机,飞行活动更加频繁,目视飞行规则已经难以满足需要。无线电通信和导航设备开始在机上和机场装备。无线电导航设备的指引使飞行员在看不到地面的情况下也能确定飞机的位置和姿态,无线电通信设备使管制员可以实时与飞行员通话以了解飞行态势并进行管制指挥,从而增加了飞行的安全性。各航空发达国家纷纷成立了空中交通主管机构,制定了使用仪表进行安全飞行的规则,建设了全国规模的航路网和相应的航站、塔台、管制中心或航路交通管制中心。这些管制中心的任务是接收飞行计划(Flight Plan,FPL),将驾驶员的位置报告填写在飞行进程单上,以确定飞机间的相互位置关系并实施管理,这种管制方法称为程序管制。以程序管制为核心的空中交通管制(Air Traffic Control,ATC)在这一时期形成。

3. 第三阶段:空管的成熟

在1945年至20世纪80年代,航空技术产生飞跃式的进步,飞机的飞行速度、航程和载重量大幅增长,这就迫切需要一个组织把全世界的航空法规统一在一个共同的标准之下。在这个背景下,国际民航组织(ICAO)于1945年成立。此阶段取得了两个重要的进展:

(1) 20世纪50年代中期,雷达技术开始应用于空中交通管制。使用雷达技术可以在管制员屏幕上显示出飞机的位置、呼号、高度、速度等参数,再加上陆空通话系统的发展,促使重要的地区用雷达管制取代了传统的程序管制。目前雷达管制已经成为空管的一个重要手段,但在海洋上空和陆地上的偏远地区等没有雷达覆盖的区域,程序管制仍是空中交通管制的主要手段。

(2) 仪表着陆系统(Instrument Landing System,ILS)的出现。ILS系统使用无线电信号引导飞机在能见度很低的情况下着陆,极大地提高了航班正常性和飞行安全性,同时也使航空运输进一步摆脱了天气的限制。

4. 第四阶段:新航行系统

新航行系统始于20世纪80年代后期,飞速发展的电子技术、计算机技术、卫星技术在空管中广泛应用,卫星通信和定位技术使得飞行员、管制员和决策机构可以实时了解飞机的准确位置并进行通信,从而在大范围对空中交通进行管理。ICAO提出了ATM的概念以取代空中交通管制。ATM着眼于整个航路网上空中交通的通畅、安全和有效运行,而ATC的目的是保证一次航班从起飞机场经航路到达目的地机场过程中的间隔和安全,是ATM的一个重要组成部分。空管系统和空中飞行的飞机组成了一个信息实时处理和自动交换系统,管制员可以在大范围内使空中交通按照总体的调度和安排顺利进行。

1983年,ICAO成立了未来航行系统(Future Air Navigation System,FANS)专委会,目的是根据新技术的发展,提出下一代空中交通管理系统的新概念和全球空中航行系统发展建议。1991年,ICAO的大会通过了FANS概念和基本方案。

1993年,ICAO在第1次全球航行大会上决定将FANS的概念向全球推广,并将其更名为CNS/ATM(Communication Navigation Surveillance/Air Traffic Management),我国将其翻译为新航行系统。1998年,ICAO修订了全球CNS/ATM实施规划,明确提出了实现全球无缝空管系统的运行概念及具体要求,包括技术、运营、经济、财政、法律、组织等多个领域,为各地区实施新航行系统提供了具体指导。

为满足日益增长的民航业务需求,提升空中航行系统运行水平,ICAO在新航行系统概念的基础上,提出以运行效能需求为目标,建立全球一体化空中航行系统。2003年,ICAO在第11次全球航行大会上通过了全球空中航行的运行概念初稿,2004年发布了《全球空中交通管理运行概念》(Doc 9854)。

1.2 空中交通管理的定义

空中交通管理的主要任务是对飞机从起飞到着陆的全过程进行管理和控制；防止飞机与飞机、飞机与地面障碍物相撞，确保飞行安全；维护空中交通秩序，提高飞行时间和空间的利用率。为此所需的一系列地面和空中系统，以及相应的运行服务，构成了空中交通管理系统。

ICAO 对空中交通管理的定义是：确保飞机在所有飞行阶段安全和效率的空基与地基功能（包括空中交通服务、空域管理和空中交通流量管理）的综合。根据《中国民用航空空中交通管理规则》，空中交通管理的定义是：有效地维护和促进空中交通安全，维护空中交通秩序，保障空中交通畅通，其内容主要包括空中交通服务、空中交通流量管理和空域管理。

现代化的空中交通管理系统以空管通信、导航和监视系统为基础，主要包括空域管理（Airspace Management，ASM）、空中交通服务（Air Traffic Service，ATS）和空中交通流量管理（Air Traffic Flow Management，ATFM）等服务，其组成如图 1-1 所示。

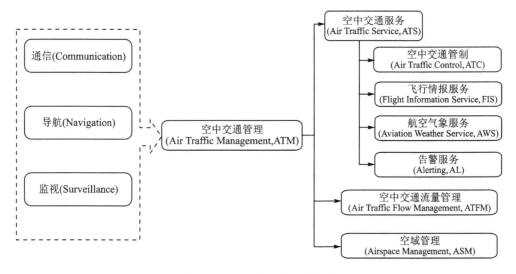

图 1-1 空中交通管理的组成

空中交通服务的主要目的是防止航空器之间、航空器与障碍物之间发生碰撞，加速和维持有秩序的空中交通活动。

空中交通流量管理是当某区域空中交通流量超出或即将超出该区域空中交通管制系统的可用能力时，预先采取适当措施，保证空中交通流量最佳地流入或通过相应的区域。空中交通流量管理有助于实现空中交通管制的目的，能够达到对机场和空域容量的最大利用效率。

空域管理是在既定的空域条件下，实现对空域资源的充分利用。它以时分共享空域的方式按短期需求划分空域，以满足不同类型用户的需要。

现代化空中交通管理系统的主要功能包括：

① 考虑空中及地面系统的运行能力以及经济需要，为用户提供空域利用上的最大效能；
② 考虑飞机装备等级和运行目的的不同，灵活组织不同用户分享空域；

③ 保证空中交通管理系统的总效率;

④ 空中交通管制向用户提供从起飞到着陆的连续协调、有效服务和管制,确保安全;

⑤ 保持国际上的协调一致,保证飞越国境时能顺利运行。

1.3 空中交通管理系统的现代化

1.3.1 技术发展趋势

伴随着航空航天技术、卫星技术、新一代信息技术的持续发展,未来通信导航监视服务、空管运行服务以及空管信息服务的技术发展趋势也呈现出新的特征。

1. 通信导航监视朝着高性能、高精度、空天地一体化方向发展

在通信领域,随着地面空管系统与航空器之间信息共享与交互日益增加,传统地空窄带通信系统面临更高性能的通信需求,飞行全阶段地空通信的宽带化已是大势所趋,航空系统组块升级(Aviation System Block Upgrades,ASBU)中关于未来通信技术的路线图已经包含航空移动机场通信系统和航路 L 频段宽带航空数据链系统等宽带通信新技术。在导航领域,卫星导航将逐步发展成为主用导航系统,高精度、高可靠性是航空卫星导航系统追求的目标,双频多星座卫星导航和星基、空基、陆基等多基增强技术将是未来发展的重要方向。在监视领域,高精度无缝监视是各类空管监视系统发展的共同目标,随着航天科技的发展和卫星星座运行技术的日益成熟,利用星基系统的广域无缝覆盖能力和陆基系统的稳定可靠保障能力,使卫星、航空器、陆基系统之间"空天地一体化"的通信、导航、监视应用成为现实,例如加拿大 Aerion 公司基于铱星二代系统构建的星基广播式自动相关监视服务、国际海事卫星组织提供的 SB-S 宽带安全通信服务均已部署应用。

2. 空管运行服务朝着一体化、精细化、灵活化方向发展

在 ASBU 的模块和引线矩阵中,基于航迹的运行(Trajectory Based Operation,TBO)是各类引线的总集成和最终实现目标,并计划在 2032 年后全球推广应用。TBO 的核心理念是以航空器全运行周期的四维航迹为中心实现一体化和精细化的运行。"一体化"既包括航路、进场、场面运行、离场等不同阶段运行的一体化,也体现在空管、航空公司、机场等不同参与方决策的一体化,还体现在空域管理、流量管理、空中交通管制服务、气象与情报等不同空管业务围绕航迹运行的一体化。"精细化"主要体现在对空管系统运行服务能力和水平的要求,通过精细控制、精准到达来实现空间和时间资源的精细利用。"灵活化"则是指随着基于性能的导航(Performance Based Navigation,PBN)、基于性能的通信和监视(Performance Based Communication and Surveillance,PBCS)等理念的应用推广,基于性能的服务被认为是未来空管提供服务一个基本原则,即根据不同性能的需求提供灵活可配置的空管服务。

3. 空管信息服务朝着网络化、协同化、智能化方向发展

以广域信息管理(System Wide Information Management,SWIM)平台为基础的空管网络化信息服务架构正在逐步替代传统的点对点、孤立式的信息服务方式,未来信息管理将从以应用为中心过渡到以数据和服务为中心,为全行业提供共同态势感知。当前,国际民航组织明确将发展基于 SWIM 平台的飞行与流量协同信息环境(Flight and Flow Information for a Collaborative Environment,FF-ICE)作为航行系统的主要性能提升领域之一,2020 年起在全球推广基于FF-ICE的起飞前飞行计划服务,为实现空管、航空公司、机场等民航不同业务系统之间协同决策(Collaborative Decision Making,CDM)奠定基础。随着大数据、云计算、人工智能等新一代信息技术在空管系统中的深入应用,可以预见,气象、情报等信息服务将逐步实现智能化,为空管运行提供更灵活高效的决策支持。

1.3.2 技术特征

近年来,随着全球新一轮产业变革的加速演进,颠覆性技术不断涌现,新一代信息技术与空管技术逐渐融合发展。现代化的空中交通管理系统正在进行新一轮的技术变革,呈现网络化、数字化和智能化的显著特征:

1. 网络化

ICAO推行的基于性能服务促使各专业技术向协同化、统一化方向发展,将通信、导航、监视技术进行网络化融合,突破了频谱资源条块化使用的限制,实现了一体化的通信、导航、监视与频谱(Integrated Communication Navigation Surveillance and Spectrum,ICNSS),为一体化运行提供了满足其性能要求的技术服务。

2. 数字化

传统模拟信号时代,空管设施逐渐面临资源与技术发展瓶颈,难以满足现代航空业发展需要,飞行全阶段数字化管制时代即将来临,航空宽带通信是最重要的基础设施。定位导航服务从陆基向星基的发展也是从模拟技术向数字技术演进的过程,航空器定位导航服务的精度、完好性、连续性、可靠性将进一步提升,有限的空域资源将得到进一步的优化利用。

3. 智能化

随着大数据、云计算、人工智能等新一代信息技术的应用,机载航电系统与空管的协同能力将进一步提升,具有人工智能特征的系统和设备更广泛地参与到空管运行中,为空管运行提供更加灵活高效的决策支持。信息的集成化和智能化处理可以显著提升空管运行安全、效率、容量与秩序,降低偶然因素带来的不确定性,提高整个系统运行的可靠性。

1.3.3 关键技术

现代化的空中交通管理系统包括5项主要的关键技术,即空天地一体化通信、网络化航空精密导航、广域多级相关监视、广域信息管理和机载综合航电。

1. 空天地一体化通信

航空地空通信将逐步从传统的陆基高频和甚高频通信向未来的宽带数据通信发展,包括宽带数据链和卫星通信系统,地地通信向基于互联网协议(Internet Protocol,IP)的方向发展,现有IPv4网络将向IPv6过渡。地面网络、地空网络、空空网络和空间网络等多种子网络通过互联构成了空天地一体化的航空通信网络,卫星、飞机、地面站和管制中心都是网络中相互平等的通信节点。未来航空通信网络容量更大、安全性更高、设施更加可靠,其应用可以有效减少管制员和飞行员的工作负荷。

2. 网络化航空精密导航

在航空导航方向,卫星导航系统是新航行系统的核心和关键。卫星导航技术将向多频多星座卫星导航发展,在运行方式上将向基于性能的导航方向发展。新航行系统的导航将不再仅依赖于陆基系统,或者仅依赖于卫星导航系统,而是由飞机通过综合使用陆基导航、卫星导航以及各种增强系统提供的信号,实现自主的、综合的、可靠的和精准的导航。用户可以在空域内沿任意自己所需的航线自由飞行。

3. 广域多级相关监视

空空监视是新航行系统的一个重点发展内容。现有监视体制下,只有管理员能够掌握所有飞机的位置,相应的管理方式是由管理员进行管制指挥的。未来通过广播式自动相关监视(Automatic Dependent Surveillance-Broadcast,ADS-B)可以使飞行员掌握空中态势,以此提高飞行员的态势感知能力,实施机载冲突告警和识别等先进的运行方式,可以实现全空域的无缝的、高精度监视覆盖,形成广域多级相关监视。最终,通过监视信息相互融合,实现全球空中态势信息,供航空公司、空管和机场的用户使用。

4. 广域信息管理

现有空管系统的信息管理仍然呈现孤岛化的形式,缺少信息交互和协同。未来的空管系统将通过多个模块相互作用来实施飞行流量、航行情报和气象等各种信息的共享和交换。航空运输系统的所有信息汇聚形成一个共享的信息数据库,支持飞行员、空管、航空公司和机场用户的协同决策。

5. 机载综合航电

空管通信、导航、监视和信息管理能力的提升,以及空管新技术的应用,需要航电系统的支持。空管航电系统逐渐向综合化的方向发展。通过综合集成所有的导航传感器,形成统一的综合导航设备。机载通信网络将向安全网络的方向发展,增加信息安全管理能力。

1.4　航空系统组块升级计划

为了在全球范围内推进全球一体化空中航行系统的实施,ICAO于2013年10月批准通过了第4版《全球空中航行计划》(Doc 9750,Global Air Navigation Plan,GANP),首次提出"航空系统组块升级"计划(ASBU计划)。ASBU给出了一整套系统工程化的方法,旨在为未来全球空中航行系统的发展提供指导,为各国航行技术革新提供指南,促进全球空中交通持续、稳定、快速发展。2016年、2019年国际民航组织又陆续发布了第5版和第6版《全球空中航行计划》,对ASBU进行持续完善。

ICAO推出的ASBU是一套改进现有航行系统、实现全球空中交通管理运行概念高层目标的系统化、工程化方法。ASBU设计灵活,充分考虑了全球各地运行需求和技术水平的差异。根据最新版《全球空中航行计划》(第6版)中技术层面的定义,ASBU框架由五个部分组成,如图1-2所示。

1. 引线(Thread)

图1-2中的横向箭头代表ASBU框架下的引线,利用时间线将某项能力在不同时间段的状态模块串联起来,代表了实现该项能力最终目标的跨时间演进,反映了航行技术的未来发展趋势,体现了航空系统组块性能从基本到更先进的发展态势。ASBU中有信息类、运行类和技术类三大类共22条引线。

① "以信息为中心的运行"是未来空中航行系统的重要特征,准确、及时、可靠的信息是航行系统安全、高效运行的保障,信息类引线包括以下4条:气象信息、数字化航行情报管理、飞行流量协同信息环境和广域信息管理。

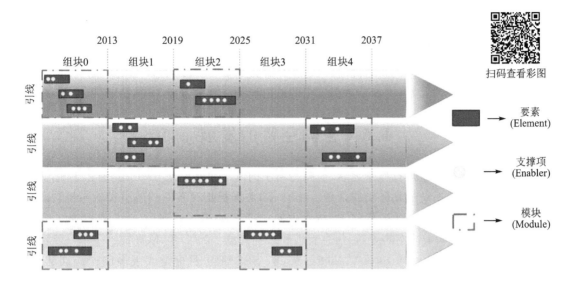

图 1-2 航空系统组块升级计划示意图

② 运行类引线包括空域组织管理、机场运行、需求容量平衡、冲突管理和航空器追踪监控 5 个方面的 14 条引线,重点面向推进基于航迹的运行技术发展应用和新型的管制服务模式,加强繁忙机场及终端区的空管运行保障能力,增强机场的进场、离场及场面运行管理,并提升复杂环境下机场运行的安全性。

③ 技术类引线聚焦于完善民航通信、导航和监视的基础设施和服务能力,以保障安全高效的空中交通服务,包括通信设施、通信服务、监视系统、导航系统 4 条引线。

2. 组块(Block)

图 1-2 中的由时间线划分并贯穿各个引线的垂直矩形部分称为组块。组块由若干个模块组成,若干个模块结合时能促成重大的效能改进。组块以 6 年为时间间隔被划分成 5 个组块:组块 0、组块 1、组块 2、组块 3 和组块 4。组块右端的时间是该组块中的模块已具备运行条件并可以开始部署的时间。各个国家和地区可根据自身的需求选择实施模块的时间。组块 1 对应的时间期限是 2019 年,即指组块 1 对应的模块预计从 2019 年可以开始部署。

3. 模块(Module)

图 1-2 中的每个虚线小方块即为一个模块,它是基于效能改进的、可部署的包,每个包提供了明确的效能改进指标,由各阶段的组块和引线共同规划。模块是 ASBU 中的基础元素,每一个模块对应于一个运行改进,运行改进是从运行概念的分析得来的,主要关注某一方面运行能力的提升。每个运行改进都包含改进的条件、限制以及方法和效果,同时也包括实现改进所需要的要素。每个模块设计时都充分考虑了灵活性和规模伸缩性,使国家或地区根据自身的需要和当前技术水平开展实施工作。

4. 要素(Element)

图 1-2 中每个模块内的深蓝色矩形长条称为要素,代表支撑项集合后空中航行系统阶段性的重要改进和效能提升。要素是 ASBU 中指定运行条件下的核心指标,旨在提高空中航行系统性能的具体运行水平。随着 ASBU 框架的数字化,模块中的要素成为核心概念,并得到了统一定义。ASBU 中共有 225 个要素。

5. 支撑项(Enabler)

图 1-2 中的黄色圆点代表要素下的多个支撑项。支撑项是新版 ASBU 框架中提出的新概念,是促成 ASBU 要素实施所需的各种组件(如标准、程序、培训、技术等),支撑项的目标是通过确定参与 ASBU 要素实施的利益相关方以及所有必要要求,以确保有效实施。某些支撑项可以是其他引线中的要素,例如技术引线中的航电设备或地面系统。

1.5 各国空管的发展

在国际民航组织发布运行概念之后,新航行系统的两个主要推动方——美国和欧洲,分别提出了自己的新航行系统的具体实施计划。2004 年,美国提出了下一代航空运输系统(NextGen),核心目标是满足高密度运行需求,技术内涵包括自动相关监视(Automatic Dependent Surveillance,ADS)、基于性能的导航、信息管理和航空气象。2005 年,欧洲提出了单一欧洲天空空管研究(Single European Sky ATM Research,SESAR),目标是实现多国家协同运行。在技术手段上,与 NextGen 的主要不同在于 SESAR 重点强调空域的统一管理与灵活使用。

为满足不断增长的航空运输需求,我国规划和实施了中国民航空管现代化战略。

1.5.1 美国"下一代航空运输系统"

美国联邦航空局(Federal Aviation Administration,FAA)拥有全世界最大的空中交通管制系统,每天管控近 5 万次航班。为了迎接在保证航班安全的情况下保持高效率和低延误的挑战,FAA 于 2004 年提出了下一代航空运输系统(NextGen),通过实施一系列新空管技术和先进空中交通程序,提升航空运输系统的安全性、效率、容量、灵活性、可预测性和可靠性,满足空中交通流量增长需求,并降低对环境的影响。

1. NextGen 关键基础设施

(1) NextGen 的关键基础设施

1) 监视:广播式自动相关监视

ADS-B 可自动将飞机的位置、速度和其他监视数据发送给空中交通管制员和其他配备了接收设备的飞机,并可将交通信息服务数据显示在驾驶舱。ADS-B 比雷达更为精准,更新率更高。在美国,ADS-B 用于高度层 180 以上的航班以及墨西哥湾空域中的所有飞机,ADS-B 信息被集成到所有 24 个航路空管中心的自动化系统中,并将集成到所有的终端区自动化系统中。

2) 通信:数据通信

数据通信通过降低通信错误率以提高安全性,通过减少话音通信时间以提高管制员和飞行员效率,通过在恶劣天气和拥堵情况下优选航路以提高空域容量和效率。利用数据通信,管制员可以向驾驶舱发送电子放行许可(Digital Departure Clearance,DCL)指令,相比话音放行,电子放行许可降低了错误率,提高了放行效率。DCL 目前已为美国 62 个主要机场提供服务,共有超过 6 000 架飞机具备接收 DCL 指令的能力。

3) 自动化:现代的自动化系统,用于航路自动化系统现代化(En Route Automation Modernization,ERAM)和终端区自动化系统现代化与更替(Terminal Automation Modernization and Replacement,TAMR)。

ERAM 已安装在全美的 20 个航路中心,并完成了系统增强和更新。TAMR 即将完成在全美 144 个跑道和 400 个塔台的应用。ERAM 可在繁忙空域将航路管制间隔从现有的 5 NM[①]继续减少到 3 NM,并支持未来的基于航迹的运行。TAMR 可以提供更大范围内更加精准的空中交通态势和天气信息显示。

4）信息：广域信息管理

SWIM 信息服务已经安装在全美 20 个航路中心和大部分终端区,用于实现飞行信息、航行情报和消息报文的自动交换。SWIM 支持交通流量管理服务（Traffic Flow Management Service,TFMS）、航空信息管理（AIM）服务,通过综合终端天气系统（Integrated Terminal Weather System,ITWS）向终端区发布专门的天气产品数据。基于 SWIM,所有用户都可以可靠地访问所需的信息,提高了管制员、签派员和飞行员的态势感知能力,从而提高安全性,缩短空中飞行时间,降低延误,减少飞机燃油消耗和排放。

(2) NextGen 现阶段主要关注的领域

1）改进的场面运行

增加机场监控信息,实现驾驶舱的场面移动地图显示,部署离港管理决策支持系统,改进离港许可和离港程序。

2）改进的低能见度运行和进近

使用先进的导航、视觉传感器和计算机技术,提升飞机垂直导航能力和精密进近能力,为飞机提供在 I 类或更低标准天气条件下的低能见度运行方法。

3）改进的多跑道运行

改善近距平行跑道的运行能力,支持更多的进离港运行。支持低于目视条件下的同时进近,减小独立进近所需的间隔,并减轻尾流湍流的影响。

4）基于性能的导航

增加了点对点飞行的灵活性,支持更高效的航路、程序和进近,使飞行摆脱了地面导航设施的限制,提高了运行效率。

5）基于时间的流量管理

使管制员能够更准确地将飞机移交给终端雷达管制,为飞机提供优化下降飞行。使飞机更好地保持安全间隔,提高飞行效率、减少燃油消耗。

6）协作的空中交通管理

协调用户的飞行和流量决策,最大限度地满足用户偏好。为飞行规划者提供更大的灵活性,并充分利用可用空域和机场容量提高总体效率。

7）间隔管理

为管制员提供工具和程序,以便在导航设备和尾流性能不同的混合环境中管理飞机,并根据尾流湍流的类别改进飞机间隔标准。

8）按需的国家空域系统（National Aerospace System，NAS）信息

用户按需请求 NAS 信息,使得用户可以与空中航行服务提供商（Air Navigation Service Provider,ANSP）合作,改善流量管理,提高空域资源利用效率。

9）环境和能源

减少飞机噪声对机场周围人群的影响,减少飞机排放对空气质量和气候的影响,提高飞行

---

① 1 NM=1 852 m。

的能源效率,为商用航空开发和部署替代燃料。

10) 系统安全管理

为识别、评估和缓解风险提供了一种共享的、主动的方法,使所有利益相关者能够更有效地管理安全,制定安全标准和风险缓解措施,以改进安全实践。

11) NAS 基础设施

主要涉及通信、洋区空管、信息管理、天气等设施的升级和更新。

2. 实施效益

通过实施 NextGen,美国航空运输系统的用户的效益体现在如下几个方面:

① 节省了 FAA 内部成本;

② 缩短了乘客旅行时间;

③ 降低了飞机运营成本;

④ 避免航班取消;

⑤ 增加了计划航班次数;

⑥ 减少了二氧化碳排放;

⑦ 减少了事故导致的受伤、死亡和飞机损失/损坏。

据估计,2007—2030 年,NextGen 的总成本预计为 350 亿美元,其中 FAA 投入为 220 亿美元,运营商投入为 130 亿美元。到 2030 年,NextGen 的总效益预计约为 1 000 亿美元。到目前为止,NextGen 的 20 多种能力已经为整个行业和社会累计创造了 73 亿美元的效益,具体如下:

① 节省燃油费用为 12 亿美元;

② 其他飞机运营成本节省 15 亿美元;

③ 因节省乘客旅行时间而节省的费用为 42 亿美元;

④ 节省安全方面的费用为 4 亿美元。

一般情况下,成本是前期投入的,而大部分效益是在生命周期后期产生的。随着交通数量的增加,空中交通延误往往呈几何级数增加。同样,交通容量的提升会减少延误,因此 NextGen 相关效益也会随着时间的推移而呈几何级数的增长。

1.5.2 欧洲"单一欧洲天空空管研究"

在欧洲,空中交通管理是由各国的 ANSP 在本国境内提供的,并接入欧洲航行安全组织(EUROCONTROL)管理网络。20 世纪 90 年代末,欧洲范围内的航班延误问题达到了高峰,欧盟委员会由此提出了"欧洲单一天空"倡议。SESAR 项目是这个倡议的技术支柱,旨在实现空中交通管理的现代化。

1. 关键概念

SESAR 的目标是整合和协调欧盟以往分散的、各自为战的研发活动,促使所有的欧洲空中交通管理研究工作朝着一个共同的目标前进,即以基于航迹的运行概念为基础,实现欧洲航空运输系统的高效运行,主要包括:

(1) 基于时间的运行

专注于飞行效率、可预测性和环境保护,旨在形成一个同步的欧洲空管系统,通过协作优化空中交通网络。

（2）基于航迹的运行

专注于飞行效率、可预测性、环境和容量，旨在形成一个基于航迹的空管系统，通过网络中共同的 4D 航迹信息和用户自定义优先级，优化飞行航迹，使用 SWIM 实现 4D 航迹管理、战术规划及冲突解脱。

（3）基于绩效的运行

旨在实现高绩效、一体化、以网络为中心、协作和无缝的空管系统，通过 SWIM 和用户间的协同规划来实现。

在发展过程中 SESAR 不断演进，由 4D 航迹管理、交通同步、网络协同管理和动态容量平衡、SWIM、机场一体化和吞吐量、冲突管理和自动化等 6 个关键特性演进为优化的空管网络服务、高级空中交通服务、高性能机场运行和有效的航空基础设施等 4 个关键特性。

2. 实施现状

SESAR 项目分为三个阶段，每个阶段分别有不同的团体领导：

① 定义阶段（2005—2008 年），由 SESAR 集团负责，目标是到 2008 年出台欧洲空中交通管理总体规划，为欧洲的空中交通管理解决方案提出一份研究、开发和部署计划，以实现"欧洲单一天空"的目标。

② 开发阶段（2008—2013 年），由 SESAR 联合执行体负责，目的是开发和验证所需的空中交通管理解决方案。

③ 部署阶段（2014—2020 年），大规模实施经过验证的空中交通管理解决方案。

SESAR 定义阶段提出的总体规划于 2009 年由欧盟理事会批准，随后理事会将该总体规划转交给了 SESAR 联合执行体，开始开发阶段的工作，并根据开发阶段的进展更新该总体规划。然而，由于开发和部署计划过于乐观，到 2013 年仍只有部分解决方案经过了验证并准备进入开发阶段。在 2014 年，SESAR 联合执行体将工作延期至 2024 年。

到 2013 年时，SESAR 已有部分空中交通管理解决方案成熟，SESAR 联合执行体开始及时、协调和同步地部署这些解决方案。

迄今为止，SESAR 联合执行体已成功验证了 63 个空中交通管理解决方案，还有 79 个解决方案正在准备中并将在未来几年内交付。这些解决方案包括：远程塔台、时间间隔和延期到达管理，如进港排序辅助决策系统，以及虚拟中心、改进的航空气象信息和 SWIM。SESAR 解决方案已应用在欧洲的 300 多个地点。

3. 未来发展

SESAR 总体规划列出了三大挑战：一是交通流需求与现有空中交通管理空域容量不匹配；二是急需更加严肃地对待环境问题；三是空域用户的增多。据预测，在未来 17 年内，航空运输量将增加 50%，延误的风险将达到目前的 15 倍。在现有空管系统之外，人们对于环境和健康的担忧促使空中交通管理继续减少航空排放，新型航空器，如极低空无人机、军用中高空长航时无人机系统、自动空中巴士、超高空（FL600＋）作业飞机、下一代超声速飞机和电推进飞机等，也需要纳入传统的空中交通管理中来。

基于这些挑战，SESAR 管理者提出了"关于欧洲空域未来结构的建议"，未来将加快使用数字化技术，以增强自动化和虚拟化，克服各国空中交通管理系统的困难和不足，建立新的、以服务为导向的空中交通管理架构。将空中交通管理系统中现有紧密集成的服务分解为独立运行的服务,借助于数字手段将信息服务的提供与执行信息服务的物理硬件彼此分离,从而实现空中交通管理服务的虚拟化,可以在任何位置上提供空中航行服务而不受国家领域的限制。

1.5.3 "中国民航空管现代化战略"

截至 2015 年,中国民航旅客运输量已连续 11 年位居世界第二,为仅次于美国的全球第二大航空运输系统。面向我国从"民航大国"向"民航强国"跨越的重大需求,为实现民航空中交通管理加快发展、实现现代化的目标,我国民航于 2016 年提出了"中国民航空管现代化战略"(Civil Aviation ATM Modernization Strategy,CAAMS)。

CAAMS(2016—2030 年)的发展目标包括安全、容量、效率、服务四个方面:安全方面,杜绝空管原因造成的航空器事故,空管原因事故征候百万架次率降低到 2015 年的 1/10;容量方面,航班运行保障能力达到 2015 年的 3 倍;效率方面,空管原因导致的航班平均延误时间小于 5 min,航班正常率达到 85% 以上;服务方面,为运输航空提供全面、经济、可预测的空中航行服务,支持航班运行每吨千米碳排放减少 10%。

CAAMS 共有 7 个运行概念:

(1) 空域组织与管理

空域组织负责确立空域管理体制,建立空域结构,以满足不同类型飞行活动、交通量和不同等级的服务要求。空域管理则是通过制定空域管理机制,设计、选择、应用空域具体使用方案,以满足空管各相关方的需求。通过空域科学组织、动态灵活管理实现地区或国家空域资源高效利用。各类空域视为一个连续的整体,逐日分配,灵活使用,任何必要的空域限制和隔离都只是临时性的。

(2) 飞行流量协同管理

飞行流量协同管理是通过建立全国、区域、机场多级飞行流量管理体系和空管部门、机场、空域用户等多方协同决策机制,同时提升跨国家地区性流量协调管理能力,实现空域容量与飞行流量需求的动态平衡。

(3) 繁忙机场运行

作为空中交通管理系统一体化的组成部分,机场必须为航空器运行提供必要的地面设施,包括灯光、滑行道、跑道、跑道出口及场面精密引导设施,以便在全天候条件下增强安全性及最大限度地提高机场容量。繁忙机场须通过加强进场、离场及场面运行管理,提升机场吞吐能力与运行效率。

(4) 基于航迹的运行

基于航迹的运行是以航空器飞行全生命周期的四维航迹为中心,空管部门、航空公司、航空器之间通过共享、协商、管理动态航迹,实现飞行规划和飞行实施全过程的一体化,同时利用数据链技术,实现空地数字化协同管制。相对于传统运行方式,基于航迹的运行具有航迹规划的全局性、航迹运行的可预测性、航迹管控的精细化、飞行管制的数字化和协同化等特点,可提升空中交通运行效能,降低管制工作负荷。通过预测未来一段时间内的空中交通态势,并对态势演变进行提前预警和处置,可有效保障飞行安全、提高飞行效率。

(5) 多模式间隔管理

多模式间隔管理是指综合利用战略层、战术层和集中式、分布式等多种间隔保障与冲突管理手段,避免航空器之间危险接近甚至相撞的发生。在战略层面上,通过空域组织与管理、飞行流量协同管理等消解潜在交通流飞行冲突;在战术层面上,通过基于航迹的运行、实时的飞行管制指挥与间隔调配实现中短期飞行冲突消解与安全间隔保障。

(6) 军民航联合运行

通过灵活高效的管理体制提高空域资源使用效率。通过统一规划、分别实施、加强统筹,实现军民航基础设施科学布局、运行信息互联互通。建立繁忙终端管制区军民航空管联合运行机制,提高军民航空管协同运行水平。加强空域预战术使用协调,军民航依托空域管理单元协调确定次日空域使用安排,并通过航行通告(Notices to Airman,NOTAM)或者网络对外发布。拓宽军民航空管融合发展范围,丰富形式,提升层次,以信息共享、系统共用为原则,积极推进重大活动协调、应急处置协调、空域灵活使用、繁忙终端区军民航联合运行等军民航运行协调机制,提高空域资源使用效率,提高军民航空管协同运行水平。

(7) 基于性能的服务

基于性能的服务概念是 PBN 的延伸与扩展。PBN 明确了特定空域概念下航空器实施区域导航(Area Navigation,RNAV)的精度、完好性、可用性、连续性和功能性等方面的性能要求,航空器的定位和引导将综合利用机载设备和星基、陆基设备的导航能力使航空器可以沿任意期望的航迹灵活飞行。基于性能的服务则是将单纯的导航扩展至整个空管服务层面上,综合机载系统和地面系统的所需通信性能(Required Communications Performance,RCP)、所需导航性能(Required Navigation Performance,RNP)、所需监视性能(Required Surveillance Performance,RSP)等性能要求,按照不同性能水平和空域用户需求,提供差异化的空管服务。

思考题

1. 简述空中交通管制的概念。
2. 简述空中交通管制的分类,并列举各分类的主要功能。
3. 新航行系统(CNS/ATM)中,C 代表什么意思,与传统系统相比,它有哪些特点?
4. 新航行系统中,导航系统主要涉及哪几个方面,每个方面都有哪些突出特点?
5. 与现行的空管系统相比,新航行系统在技术、安全和经济方面有哪些特点?
6. 通过对第 1 章的学习,谈谈你对空中交通管理的认识。
7. 简述欧洲 ATM 系统的形成原因。为使空中交通环境向有利方向发展,欧洲 ATM 系统做了哪些改进?

第 2 章 空管数据链通信系统

现有的空管通信可以分为话音通信和数据通信,并由话音通信不断向数据通信转化。以现代数据通信技术为基础的空管数据链通信,具有抗噪声性能强、误码率低、可加密、便于计算机处理等优势,是现代空管系统区别于传统空管系统最重要的特征之一。空管数据链通信系统是空中交通管理服务保障体系的重要组成部分,对实现空管系统高效运行、保障飞行安全具有重要作用。典型的空管数据链包括高频数据链(High Frequency Data Link,HFDL)、甚高频数据链(VHF Data Link,VDL)和航空移动卫星业务(Aviation Movement Satellite Service,AMSS),这些数据链已成为当前空管通信的主用系统。然而 HFDL、VDL 和 AMSS 中的窄带卫星数据链均属于窄带空管通信系统,传输速率难以进一步提升,无法满足日益增长的空管通信需求。

随着航空运行对空管通信需求的逐步提升,欧美联合提出了未来空管宽带数据链通信技术,包括 L 频段宽带航空数据链系统(L-band Digital Aeronautical Communications System,L-DACS)、航空移动机场通信系统(Aeronautical Mobile Airport Communication System,AeroMACS)和宽带卫星通信系统。同时,为了满足空中航行系统全球互联、信息协同处理的发展需求,国际民航组织提出了航空电信网(Aeronautical Telecommunications Network,ATN)的概念与体系架构,为航空器、空管部门和航空公司等提供实时高效的数据通信网络服务。

知识点

- 空管通信的分类
- 空管数据链通信
- 空管窄带数据链
- 空管宽带数据链
- 航空电信网

2.1 概　　述

空管数据链通信系统由底层的数据链路、中间层的通信网络和上层的通信业务构成,如图 2-1 所示。

空管数据链按照传输速率可分为窄带数据链与宽带数据链两大类。当前的窄带数据链通信包括高频(High Frequency,HF)数据链通信、甚高频(Very High Frequency,VHF)数据链通信以及航空窄带卫星数据链通信,其中 HF 的传输速率仅有 $0.15\sim1.2$ kbps,VHF 的传输速率为 $2.4\sim31.5$ kbps。未来的空管宽带数据链包括 L-DACS、AeroMACS 和航空宽带卫星数据链,其中 L-DACS 可支持 2.59 Mbps 的传输速率,而 AeroMACS 的传输速率可达 $5\sim9$ Mbps。

空管通信网络是实现空地系统、地面各类数据处理系统和业务应用系统之间数据交换的

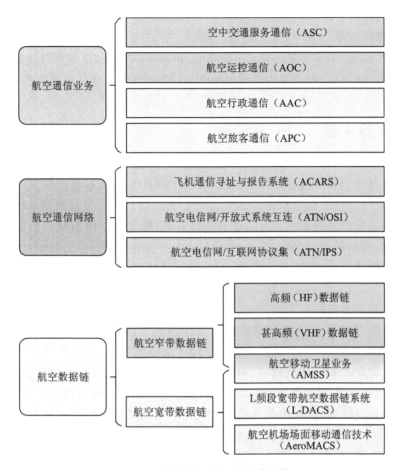

图 2-1 数据链通信系统层次架构

关键。飞机通信寻址报告系统（Aircraft Communication Addressing and Reporting System，ACARS）是由美国航空无线电公司（Aeronautical Radio Incorporated，ARINC）开发的民航通信系统，虽然 ACARS 通常出现在关于数据链的叙述中，但该术语亦可指代完整的空中及地面系统。在机载端，ACARS 由一个 ACARS 管理单元（Management Unit，MU）的航电计算机和一个控制显示器单元（Control Display Unit，CDU）组成，MU 用以收发来自地面的甚高频无线电数字报文。在地面端，ACARS 系统是由多个无线电收发机构成的网络组成的，它可以接收或发送数据链消息，并将其分发到网络上的不同航空公司。ATN 是由 ICAO 所提出未来新航行系统的重要组成部分，它采用网络互联技术，可以灵活设计、管理和控制各个子网，从而提供安全、可靠、高效的航空通信服务。

通信业务根据应用范围可以分为以下四类：

① 空中交通服务通信（Air Traffic Service Communication，ATSC），是空中交通管理部门与飞机间的通信，包括放行许可、放行证实、管制移交、管制移交确认、ADS、航行报告和飞行员位置报告等飞行服务业务。

② 航空运控通信（Airline Operation Communication，AOC），是飞行运营部门与飞机间的通信，包括气象情况、飞行计划数据、飞行员/管制员通信、发动机检测数据、起飞与延误情报等。

③ 航空行政通信(Airline Administrative Communication,AAC),是运营部门与飞机间的通信,包括设备与货物清单、座位分配等。

④ 航空旅客通信(Airline Passenger Communication,APC),是旅客与地面间的通信。

在这四类数据通信中,由于空中交通服务和 AOC 与飞行安全和效率高度相关,因此具有高优先级。

2.1.1　空管数据链

最早的空管通信是利用短波进行无线通信的 HF,后来出现了 VHF 模拟话音通信系统,并进一步发展为甚高频数据链,此后 ACARS 的出现和普及则标志着空管 VDL 标准的形成,随后 VDL 模式1、2、3、4 被依次提出。此外,ICAO 提出使用窄带卫星通信系统满足跨洋及偏远地区的空管通信需求。随着空管通信需求的提升,空管数据链通信呈现出逐渐向宽带发展的技术演进趋势,欧洲航空安全局(European Union Aviation Safety Agency,EASA)和 FAA 建议在机场场面采用 AeroMACS,在跨洋/偏远空域采用宽带卫星通信系统,在陆地空域采用 L-DACS。

空管数据链按信息传输对象的位置不同分为地空数据链、空空数据链以及卫星数据链。利用地空数据链系统可将由机载卫星导航设备得到的飞机位置信息、飞行管理系统(Flight Management System,FMS)中的飞行动态信息传送给地面设备,并以数据方式实现飞机驾驶员与地面管制员之间的双向信息交换,从而不需要雷达就可实现对飞机的实时跟踪和监视。此外,还可以将飞机状态监测系统(Aircraft Condition Monitoring System,ACMS)中的飞机和发动机状态信息发送到地面,实现飞机"黑匣子"中飞机状态数据的实时传送。利用空空数据链系统,飞机间可以传输和交换位置、标志等信息,实现对飞机周围空中态势的处理和显示,以及飞机间的相互监视,大大提高了飞行安全性,还可以将飞机的目标识别、定位、标志、空中态势和指挥引导指令等处理融于一体,增强飞机驾驶员、地面指挥员的态势认知能力,实现民航飞机的自主避让和防撞。

利用卫星数据链系统,飞机通过卫星与地面站之间进行数据交换,可以克服空间位置与地理环境的约束,在缺少地面站的跨洋和偏远空域建立稳定可靠的航空通信链路,从而在全球覆盖范围内满足地空通信及航空交通管制服务的需求,保障了飞机在全球范围内的安全运行。

2.1.2　空管通信网络

空管通信网络最早使用的是 1978 年开始部署的 ACARS 网络。随着民航通信全球化的发展,ATN 成为全球范围内用于航空的数字通信网络协议,该协议将航空运输的机载计算机系统与地面计算机系统连接起来,能支持多国和多组织的运行环境。而随着航空通信的持续发展,未来 ACARS 最终会逐渐被航空电信网/互联网协议系列(Aeronautical Telecommunication Network/Internet Protocol Suite,ATN/IPS)取代,但在 ATN/IPS 部署初期仍会继续运行。

ACARS 是一种在航空器和 AOC 中心之间通过无线电或卫星传输短消息(报文)的地空数据通信系统,使用航空特有的、面向字符的地空通信协议,支持 ATS 和 AOC 数据交换。ACARS 利用飞机机载设备和地空数据服务商所构成的通信网络,通过 HF/VHF/卫星传输媒介,由机组人员或机载设备创建报文并将其送达地面的管制人员或系统,反之亦然,从而实现飞机与地面之间的双向实时信息传输。

ATN 是基于开放式系统互联(Open Systems Interconnection,OSI)结构、面向比特协议的网络。ATN 中的关键设备是开放式系统的路由器,通过路由器把各个地面、飞机的子网连接起来,并且使用 ATN 的编码方式来传输用户信息。ATN 最初按照 ISO OSI 7 层模型构造,ICAO 将其称为 ATN/OSI 标准,ATN 主要由 3 个子网构成:机载电子设备通信子网(数据链管理系统)、地空通信子网、地面通信子网(分组交换网、局域网)。各类子网之间利用路由器连接,用户经路由器通过网关进入 ATN,按照网间协议和标准进行信息交换。地面路由器确保将信息传送到目的终端和飞机,并保存每架飞机的位置信息,跟踪系统配合地面网络,分析媒体的可用性,向飞机发送信息数据;飞机路由器确保飞机信息通过要求的媒体发送。

随着 IP 网络技术的发展,ATN 开始借助于已部署的 IP 网络资源实现远程传输,以降低 ATN 实现的成本。在 2010 年,ICAO 发布《ATN/IPS 手册》(Doc 9896),基于传输控制协议(Transmission Control Protocol,TCP)/IPv6 技术构建了 ATN 网络。ATN/IPS 规范主要从继承 ATN/OSI 规范的角度出发,将网络层替换为 IPv6 协议栈,并依赖 IPv6 相关研究的主机移动性和网络移动性解决方案实现航空电信网的移动性管理。ATN/IPS 组网结构与 ATN/OSI 的组网结构一致,只是将 ATN 的中间系统由 ATN 路由器更换为 IPv6 路由器,而端系统则更新成为支持 IPv6 的机载终端和应用终端。由于该方案只是从传输层面对网络结构进行了改进,因此并没有对航空电信网的基本结构和功能产生影响,基于 ATN/IPS 的航空电信网仍然完成的是端到端的数据传送。

2.1.3　航空通信业务

传统的 ATC 系统使用基于模拟无线电的通信导航监视系统,负责对每架飞机从起飞到着陆整个飞行过程的指挥和调配,但这无法满足日益增长的空中交通流量所需的管制通信能力。作为新航行系统重要组成部分的 ATN 主要用于传输与 ATC 和飞机运行相关的安全通信业务,这些业务可以归结为两类,即 ATS 和 AOC。

面向空管应用的 ATS 安全要求最高,必须使用安全类通信媒介。ATS 的主要目的是防止航空器之间、航空器与障碍物之间发生碰撞,使空中交通活动保持有序和高效。ATS 的应用主要包括数字化起飞前放行服务、数字自动终端区信息服务(Digital Automatic Terminal Information Service,D-ATIS)、航空器离场时间计算、航路气象信息服务、管制员飞行员数据链通信(Controller Pilot Data Link Communication,CPDLC)与 ADS 服务等。

面向航空公司应用的 AOC 发展最早,安全要求高,需要使用安全类通信媒介。AOC 利用数据链将 ADS 信息传送到航空公司的签派部门,可实现对飞机位置的实时跟踪监视,保证飞机的飞行安全,提高飞行效益和旅客服务水平,这是航空公司飞行运行控制(Flight Operation Control,FOC)系统的信息源。此外,利用地空数据链可将飞机发动机参数、飞机状态参数等以报文形式发送到地面,为航空公司和机务维修部门建立实时飞机状态监控系统创造了条件。数据链技术逐步向网络技术方向发展,推动了机载设备网络、地空数据通信网络、地面通信网络的技术进步,为将来向 ATN 过渡奠定了基础。

2.2　空管窄带数据链

在数据传输时,除物理线路外,还包括一些必要的规程来控制这些数据的传输,实现这些规程的硬件和软件加到链路上,就构成了数据链。典型的窄带数据链包括 HF 数据链、VHF 数据链和 AMSS 数据链,基本作用是利用数据通信手段保证飞机之间、飞机与地面管制员之间快速地交换情报资料,共享各飞机掌握的所有情报,实时监视空中飞机态势,增强驾驶员、地面指挥员、管制员的态势认知能力,克服航空话音通信系统传输速度慢、占用信道时间长、可靠性差等缺点。在新航行系统中,占主要服务内容的 ATS 和 AOC 将以数据通信为主,逐渐减少话音通信,最终达到只在必要或紧急情况下使用话音通信的目的。

2.2.1 甚高频数据链系统

甚高频数据链通信传输延时小,机载设备和地面设备简单,易于安装、使用、扩展和升级,是现有地空数据通信系统中最经济的手段。

1. 甚高频数据链的分层结构

为了保证地空数据链系统的开放性,ICAO 对甚高频数据链系统的网络体系结构进行了标准化,按照 OSI 参考模型的 7 层体系结构,定义了甚高频数据链设计标准。

目前有四种满足 7 层开放式体系结构的 VDL 设计标准:VDL 模式 1、VDL 模式 2、VDL 模式 3 和 VDL 模式 4 数据链标准,其中 VDL 模式 4 又称为网络自组织时分多址(Self-organising Time-Division Multiple-Access,S-TDMA)数据链系统。由于数据链系统属于通信子网的范畴,VDL 标准主要定义传输层以下的物理层、链路层和网络层的相关标准。物理层主要负责频率控制管理、发送计时、数据编码、数据解码、信号质量通知、信道监听以及到达时间测量等功能;介质访问控制子层主要负责根据不同模式的不同访问控制方式,实现包括时间同步、发送格式化、到达时间测量、时隙占用或未占用处理等功能;数据链接子层负责提供面向连接或无连接的数据传输服务。VDL 模式 1、VDL 模式 2 和 VDL 模式 3 数据链的物理层和链路层的分层比较一致,VDL 模式 4 数据链在介质访问控制子层(Media Access Control,MAC)和数据链路服务子层(Data Link Solution,DLS)之间增加了一个特定服务控制子层(VDL Mode 4 Spercific Service,VSS),用于实现其特有的 S-TDMA 的各种预约和通信协议,包括时隙选择算法、预约表更新、发送队列管理、预约访问协议、固定访问协议等。表 2-1 给出了 VDL 模式 1、VDL 模式 2、VDL 模式 3 和 VDL 模式 4 数据链的技术实现差异表。

表 2-1 不同模式 VDL 数据链技术实现差异表

	VDL 模式 1	VDL 模式 2	VDL 模式 3	VDL 模式 4
频率设置	118~137 MHz 波道带宽 25 kHz			
调制方式	最小位移调幅 AM-MSK	差分编码八相位移调相 PM-D8PSK	差分编码八相位移调相 PM-D8PSK	高斯键控调频 FM-GFSK
传输速率/kbps	2.4	31.5	31.5	19.2
介质访问控制方式	CSMA	CSMA	TDMA	S-TDMA
链路层协议	航空甚高频链路控制协议 DLS-AVLC	航空甚高频链路控制协议 DLS-AVLC	无连接数据链路控制协议 A-CLDL	空地:网络设置定向连接协议(NSCOP) 空空:零开销连接定向协议(ZOCOP)

续表 2-1

	VDL 模式 1	VDL 模式 2	VDL 模式 3	VDL 模式 4
子网协议	标准子网接入协议 SNAcP－ISO 8208	标准子网接入协议 SNAcP－ISO 8208	无连接子网接入协议 SNAcP－ISO 8474	航空 ATN 子网接入协议 Doc 9705

VDL 数据链通过 DLS 和链接管理实体子层(Link Management Entity,LME),可将数据比特流传输到目的端,因此 VDL 数据链又称为面向比特的数据链系统。为了能与 VDL 数据链区别开来,ACARS 数据链又称为面向字符的数据链系统。

本节重点介绍广泛使用的 VDL 模式 1、VDL 模式 2 以及 VDL 模式 4。

2. VDL 模式 1

在以前,全球范围内使用最广泛的民航甚高频数据链是 ACARS 模式数据链,该数据链的特点是使用相对简单,发展较早,使用广泛,但传输速率较慢。ACARS 数据链系统主要由机载设备、地面设备和网络控制中心(中央交换系统)组成,系统组成如图 2-2 所示。

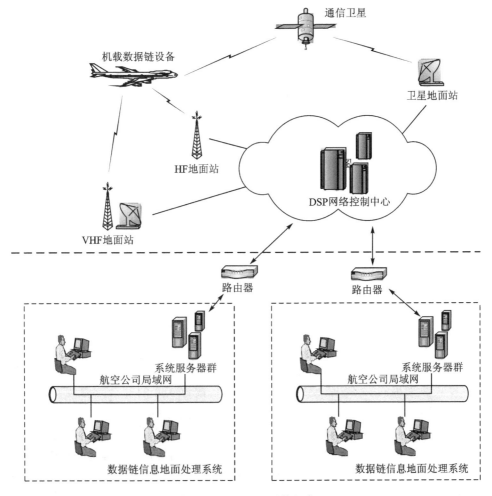

图 2-2 ACARS 系统组成

(1) 机载设备

机载通信管理单元(Communication Management Unit，CMU)自动采集来自 FMS 等机载数据发生组件的数据，并按照一定标准通过机载甚高频电台与远端地面站(Remote Ground Stations，RGS)进行数据传送。CMU 通过数据总线与其他机载数据终端设备相连(主要包括多功能控制显示单元(Multipurpose Control&Display Unit，MCDU)和打印机输入/输出组件、FMS 等数据发生组件)，完成数据采集、报文形成、调制解调、模式转换、话音信道或数据信道切换和频率管理等功能。

(2) 地面设备

地面需要布置与机载 ACARS 设备相应的甚高频 RGS，其数据控制与接口单元(Data Control Integration Unit，DCIU)控制地空链路的调制解调、通信管理和收发。由于覆盖范围的限制，需要在航路上以合适的间隔设置大量的 RGS，形成 RGS 网。

(3) 中央交换系统

一个 RGS 可以同时与多架飞机进行通信，同时一个航班也将连通多个 RGS，各航空公司和 ATS 用户需要实现资源的共享，所以 ACARS 要与一个中央交换系统相连，通过网络管理与数据处理中心实现空地终端间的自动数据通信。

ACARS 的频率间隔为 25 kHz，数据传输速率为 2.4 kbps，仍采用单信道半双工的工作方式。甚高频通信是视距通信，覆盖范围与飞行高度有关，如果飞机与地面 RGS 不能建立联系，ACARS 将保存信息，直到再次建立通信时发送。每个服务提供商在其独立区域内都设有一组甚高频频率(分为基频和倍频)，飞机机载数据通信设备通过频率控制组件自动选择可用波道建立通信。为了消除由于信道过分拥挤而造成的扫描延迟，减少不可识别报文的数量，ARINC 采用了广播调频或多基频技术，提高了 ACARS 在重要机场的可靠性。

ACARS 数据链由于其地空通信数据满足 ARINC 618 协议，地地数据通信满足 ARINC 620 协议，它并不能与 OSI 7 层体系结构的 VDL 标准相对应，因此不满足 VDL 标准。然而，ACARS 依然是目前广泛使用的一种甚高频数据链系统，为了能够将 ACARS 数据链按照 OSI 参考模型进行标准化，提出了 VDL 模式 1 数据链，实现了分层管理。但这种数据链仅提出了初步定义，没有继续发展。

3. VDL 模式 2

VDL 模式 2 以面向比特的方式传输，使用了差分八相相移键控(Differential 8-Phase Shift Keying，D8PSK)调制方式，速率达 31.5 kbps。对于网络层协议，该模式数据链屏蔽了数据传输细节，与机载子网、地面子网一起构成了地空统一网络。此外，VDL 模式 2 采用了 ISO 8208 协议接口的连接方式，保证了数据传输的可靠性。

VDL 模式 2 采用的 D8PSK，使用了具有滚降系数为 0.6 的升余弦滤波器。D8PSK 将 3 个二进制数映射为一个符号，采用格雷码映射，相邻相位之间只有一个比特不同，其优点是即使解调错误，也只会产生一比特的误判。由于 VDL 模式 2 发射端和接收端的信号没有时间同步，所以无法得知信号每个周期的初始相位。为解决此问题，VDL 模式 2 采用了差分编码技术，利用每一个电平和前一个电平的相位差来计算信号的真正相移，即发送信号代表的是原始信号的差分值，最终利用调制信号前后码元之间载波相对相位的变化来传递信息。

VDL 模式 2 的物理层包含 4 部分，分别是信道建立、同步段、标题段和数据段。信道建立部分由固定的伪随机码组成，用于建立发射端和接收端的链接；同步段由 48 比特的独特字符构成,用于实现帧同步和位同步;标题段用来表示数据段的数据长度;数据段由 N 个 RS(255,239)算法编码的块组成,其个数由数据长度决定。

由于甚高频频段资源紧张,VDL 模式 2 使用信道感知技术,利用信号接收功率和后验概率来判断信道空闲或者忙碌,充分利用信道资源,提升频谱效率。

(1) 信道繁忙到空闲检测

当一个电台接收某个信道的功率少于 -87 dBm 至少 5 ms 时,那么:

① 如果该信道的功率衰减到 -92 dBm 以下少于 1 ms,则有 90% 的概率该信道被占用;

② 如果该信道的功率衰减到 -92 dBm 以下超过 1.5 ms,则有 90% 的概率该信道空闲。

(2) 信道空闲到繁忙检测

如果某信道的功率提高到 -90 dBm 以上超过 1 ms,则有 90% 的概率该信道被占用。

VDL 模式 2 标准规定了地空移动通信的物理层、链路层和子网层协议。链路层协议由 MAC、DLS 和 LME 三个子层组成。其中采用的是高级数据链路控制(High - Level Data Link Control,HDLC)协议的子集航空甚高频链路控制(Aviation VHF Link Control,AVLC)。网络层按照 ISO 8208 标准,负责子网连接的建立、维护与删除。VDL 模式 2 通信子网的协议体系结构如图 2-3 所示。

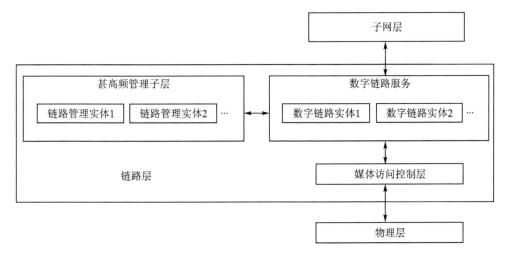

图 2-3 VDL 模式 2 协议结构

DLS 用于在链路层上进行数据包的传输,它为每个连接建立了一个数据链路实体(Data Link Escape,DLE)。DLE 是执行 AVLC 协议的主体,其主要功能是数据处理、交换和错误检测。发射端 DLE 与接收端 DLE 控制两个电台之间的数据通信。

甚高频管理实体(VHF Management Escape,VME)负责建立和维护空地链路,并为每个链路创建一个 LME,同样的由 LME 作为协议执行的主体,为通信双方提供链路建立和维护。

子网层主要完成子网连接管理、包分段和重组、错误恢复和连接流量控制等功能。子网连接管理功能是指收发两端使用多种不同的包和程序来建立和管理网络连接;包分段和重组功能是子网层通过调整包的大小来提高网络传输速率;错误恢复功能是子网层利用特殊帧格式和包实现错误重传;连接流量控制利用滑动窗口控制链路流量。

分组层从子网相关汇聚功能模块接收到经过压缩的数据包,然后送到相应的链路层连接实体上。DLE将接收到的分组封装成AVLC帧,送往下一层处理。对于每一个链路层连接,存在一个链路管理实体,用于该链路连接的建立与维护。从DLE发出的数据经过优先级排队,送至MAC层。

4. VDL模式4

VDL模式4数据链的基本原理是数据链用户利用全球导航卫星系统(Global Navigation Satellite System,GNSS)进行定位和时间同步,并通过VDL模式4数据链将其位置报告广播发送出去。这些位置报告可以为通信链路上的各种链路管理和应用进程所用,通过这些信息实现链路管理。VDL模式4数据链既可用于数据、位置广播通信,又可用于用户间的选址通信(端到端通信)。

VDL模式4数据链采用标准的甚高频带宽(25 kHz)信道传输数字信息。其主要的特点在于信道预约访问协议。信道被划分为若干时隙,可以为航空器、地面站和其他地面通信设备所使用,如图2-4所示。通过信道预约访问协议的控制,各个时隙的绝对时间和使用情况对系统内的用户而言是透明的,因此,不同的用户一般不会在同一时隙上进行发送。信道预约协议降低了信道占用冲突的概率,从而获得高效率利用的甚高频数据链信道,这一信道时隙使用和管理的方式称为自组织时分多址协议。

VDL模式4数据链旨在为将来的新航行系统技术提供系统解决方案,它既支持CNS蜂窝内的飞机、地面站和其他用户间的直接通信,又支持CNS蜂窝间的飞机和地面系统通信。

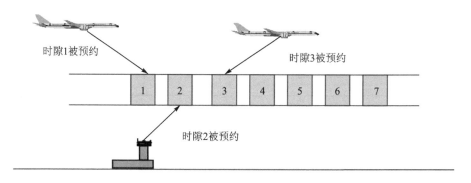

图2-4 VDL模式4数据链运行情况

每一个VDL模式4的用户都装备有异频收发信机,用来确定位置和时间,实现收发数据的传输。图2-5介绍了VDL模式4收发信机的基本结构。

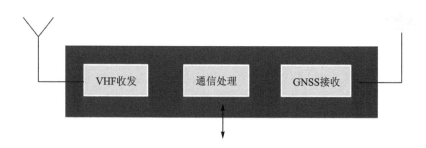

图2-5 VDL模式4收发信机

实际的收发信机结构与图2-5所示的可能会有一些差异,比如安装在运输机上的收发信机,就会多包含一个GNSS接收机来接收导航信息。通常收发信机还会与其他类型的外设相连,如显示器、计算器等,以便扩展相应的功能。

VDL模式4是目前唯一支持ADS-B运行的甚高频数据链,但由于现有的飞机需要加装额外设备才能支持VDL模式4数据链,所以目前大多数飞机不具备VDL模式4通信能力,现阶段航空器大多使用1 090 MHz频段的S模式应答机来支持ADS-B运行。

2.2.2 高频数据链系统

高频地空通信仅用于超出视距范围的数据传输。由于传播特性的变化,通信的可靠性受到限制,因此,由高频提供的航空通信也受其可用性范围的限制。高频数据链支持飞机在航路中使用短波频率完成数据通信,使用面向比特的规程,符合OSI模型,比目前短波模拟话音通信有更高的稳定性和可用性。甚高频数据链覆盖的限制和卫星链路的高昂费用使得HFDL成为在洋区或远端通信的廉价手段。

1. 系统组成

HFDL系统由机载设备、地面站和地面网管中心组成。

机载设备对原有的ARINC 719 HF无线电收发信机进行了改装,增加了一个高频数据单元,该数据单元包括编码器和调制解调器,另加一个天线耦合器。HFDL机载设备可以与现行的ACARS配合工作,支持ACARS数据通信;也可以选用全新的机载高频无线电语音/数据收发信机和数字天线耦合器独立工作。

地面站包括发射机、接收机、高频数据单元和控制器。地面站的设立取决于系统通信覆盖的地区,也取决于管理飞机的数量。

地面网管中心用来对地面站进行频率管理,处理上下行数据,进行网络管理和空地电文的路由转换。它的地面网与空中交通管理部门和其他通信网相连,是该系统的核心。

HFDL采用面向比特(与AMSS相同)的ISO协议,符合ATN要求,可作为高频子网进入ATN。该系统采用时分多址(Time Division Multiple Access,TDMA)方式,每个主帧为32 s,有13个时隙,每个时隙根据随机访问或预约实现动态指配,减少信息碰撞,增加信息的通过量。HFDL系统实现了地面台站昼夜换频,一站多频的频率管理技术。机载高频设备采用了自适应选频技术,为使飞机能选用一个传播性能较好的频率,所有地面台在其各个在用频率上广播对空中用户透明的自发报告,即每32 s在特别呼叫分组内广播信道控制数据。机载高频设备根据此数据选择一个可信频率,保证数据传输有良好的信道。飞机可与任何地面台在选用频率上进行半双工通信。在数字处理技术方面,HFDL系统采用前向纠错编码、自动反馈纠错、自适应通道平衡、去交织和循环冗余校验技术。这些技术使大部分发送差错能够被检验出来并加以纠正,保证了电文的完好性,但也增大了开销。

2. ARINC的全球高频数据链

ARINC是全球唯一的航空HFDL服务提供商。ARINC的GOLBALINK/HF服务是基于ACARS的,服务范围包括南纬60°以北的飞机通信覆盖,也是唯一支持北冰洋和远端地区操作和空管的地空数据链路服务。当高频、甚高频、卫星全球联网服务一同使用时,飞机可以保持与ARINC高质数据链路服务的连接,并在南纬82°以北进行全球飞行。为了满足航空公司廉价、高可靠性、长距离数据通信的需要,HFDL采用先进的通信技术保证通信的可靠性。

ARINC的GOLBALINK/HF服务支持高可靠性、高可用性数据通信的全球飞行运行。

从起飞到降落，高频数据链系统提供了机载设备和高频地面站的实时通信。这保证了 HFDL 一直处于准备收发的状态，而这与飞机的所处位置环境或飞行状态无关。此外，高频地面站和频率的选择包括高频地面站间的交接，这些对于机组和飞行管理人员来讲都是自动的、无缝的、透明的。

ARINC 的 HFDL 地面站执行 ATN HFDL 链路层标准与建议措施（Standard and Recommended Practices，SARPs）的底层功能，而且与其他链路层的设备完全兼容。ARINC 的 HFDL 服务称为可靠链路服务。

2.2.3 窄带卫星数据链系统

卫星数据链系统可以在海洋和边远陆地空域实现地空通信，以满足航空器全运行阶段的通信需求。该类系统主要分为三种结构：地球静止轨道（Geosynchronous Orbit，GEO）卫星、中地球轨道（Medium Earth Orbit Satellite，MEO）卫星、低地球轨道（Low Earth Orbit，LEO）卫星。航空卫星通信的研究最早开始于 20 世纪 60 年代，但发展相对缓慢。ICAO 在 1983 年成立了 FANS 专委会，在 1988 年的 FANS 报告中建议发展和应用基于卫星技术的全球通信、导航和监视系统，为 AMSS 的发展铺平了道路。同年，ICAO 成立了一个技术小组，负责制定国际 AMSS 安全通信标准和建议实施方式。AMSS 由国际海事卫星（International Maritime Satellite，Inmarsat）和铱星（Iridium）提供，但铱星系统在 1998 年正式上线运营九个月后，于 1999 年申请破产，直到 2019 年完成 Iridium NEXT 系统的部署后才推出了 Iridium Certus 宽带服务，该阶段仅提供部分航空服务，故窄带 AMSS 主要通过 Inmarsat 的空间卫星实现机载地球站与地面地球站（Ground Earth Station，GES）间的数据传输。本节以 Inmarsat 系统为例，介绍用于航空通信的窄带卫星数据链系统。根据卫星的扫描和不同机载设备天线的增益方式，AMSS 可以完全或大部分覆盖中低纬度地区。在目前阶段，卫星数据链主要作为甚高频数据链的备用手段，可以弥补甚高频数据链的不足，满足航空运行无缝通信的要求。

卫星数据链系统主要由空间卫星、机载地球站和地面地球站三部分组成。

(1) 空间卫星

AMSS 数据通信采用面向比特的协议及 OSI 技术，可与 ATN 兼容。卫星与飞机间的通信链路使用 L 波段，卫星与地面间的通信链路使用 C 波段或 Ku 波段，采用全双工通信方式。早在 2005 年，第三代 Inmarsat 系统已经可以提供全球性 AMSS 服务，其主用卫星是 4 颗第三代卫星，它们分别定位于西大西洋（卫星定位于西经 54°）、东大西洋（卫星定位于西经 16°）、太平洋（卫星定位于东经 178°）和印度洋（卫星定位于东经 65°）。第三代海事卫星的网控中心设在伦敦 Inmarsat 总部，该中心负责监测、协调和控制网络内所有卫星的操作运行。这 4 颗第三代卫星与机载设备的天线增益方式配合可以完全或部分提供南北纬约 65°之间的连续覆盖区域。第三代 Inmarsat 系统在卫星与移动用户终端设备之间的链路采用 L 波段，卫星与关口站之间使用 C 波段和 L 波段，其信道带宽为 0.9～2.2 MHz。

第四代海事卫星从 21 世纪初开始筹备。Inmarsat 分别于 2005 年 3 月和 11 月发射了第 1 颗和第 2 颗第四代卫星，完成荷兰布卢姆和意大利佛希罗的主/备用第四代海事卫星关口站建设，随后在 2008 年 8 月发射了第 3 颗第四代卫星，完成美国夏威夷第四代海事卫星关口站的建设。经历近 10 年的筹备和阶段实验准备，第四代海事卫星业务于 2009 年 2 月 25 日正式形成移动宽带服务的全球覆盖，全面提供海、陆、空业务，其通信能力是第三代卫星的 16 倍，可覆盖全球85%的面积，用户遍及180个国家和地区。

第四代海事卫星的突出特点是卫星功率大幅提高，其终端链路等效全向辐射功率(Effective Isotropic Radiated Power, EIRP)为67 dBW，并且采用最新频率复用技术，每颗卫星支持1个全球波束、19个宽点波束、193个窄点波束；每个窄点波束一般含有6~8个信道，最多可包含25个信道；每个信道频宽为200 kHz，支持492 kbps传输带宽，信道总数为630个，信道可实现在不同窄点波束下的动态调配。

（2）机载地球站(Airborne Earth Station, AES)

机载地球站包括航空电子设备分系统和天线分系统，航空电子设备分系统主要增加了卫星数据处理组件(Satellite Data Unit, SDU)等硬件设备和相关服务软件，其工作过程与甚高频ACARS类似。天线分系统中，信道的增益方式分为低增益(Aero-L)、高增益(Aero-H)、改进高增益(Aero-H+)和中增益(Aero-I)。Aero-L(0 dB)是较早的增益方式，为单信道通信，适用于通信量小的用户，现已不再使用；Aero-H(12 dB)采用多信道通信，可以同时实现话音、传真和数据通信，适用于远程和跨洋飞行，但机载设备非常昂贵（约60万美金），而且对系统的资源占用很大，通信费用也很高；Aero-H+是对Aero-H的改进，其对卫星资源的占用小，费用更低；Aero-I是国际上最新推出的天线增益方式，通过与第三代Inmarsat卫星的点波束扫描方式配合，可以将通信范围集中到主要的飞行区域，用较低的增益即可达到良好的通信效果，并提高了卫星的资源利用率，大幅降低了机载设备的成本和使用费用，适用于中短程的运行区域。

（3）地面地球站(GES)

GES由天线、C(或Ku)频段收发信机、L频段收发信机(导频)、信道单元及网络管理设备组成，提供空间卫星和地面固定话音和数据网络之间的接口。每个卫星的主星与备星的覆盖区内至少须设置两个GES，并通过网络协调站管理卫星功率和通信信道等卫星网络资源在各GES间的分配。图2-6所示为AMSS系统的组成和通信信道。

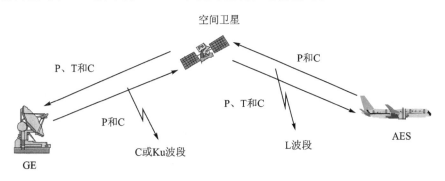

图2-6 航空卫星通信的四种信道

AMSS系统采用面向比特协议，与ATN完全兼容，最高数据速率为9.6 kbps，工作方式为全双工。AMSS系统包括两种射频链路：在GES与卫星之间用C或Ku频段，在卫星与AES之间用L频段。

AMSS系统有4种信道，分别为P信道、R信道、T信道和C信道，P信道、R信道和T信道可以传输中速率信令和数据业务，C信道用于传输话音或高速率的数据业务。

P信道是时分复用(Time-Division Multiplexing, TDM)分组方式数据信道，仅用于正向,即地面到飞机,可传送指令和用户数据。P 信道又分为用于系统功能管理的信道 P_{smc} 和用于业务传输及其他传输的工作信道 P_d。根据 GES 的业务量,P_{smc} 和 P_d 可以是同一条信道,也可以是不同的信道。每个 GES 至少有一条 P_{smc} 信道,通常有多条 P_d 信道。

R 信道是随机多址存取信道(时隙 Aloha 信道),仅用于反向,即从飞机到地面,可传送信令和小量用户数据,以突发方式工作,多架飞机可以共用一条 R 信道,采用时隙 Aloha 协议。若不同 AES 的信号发生碰撞,则各自随机延迟重发。R 信道也分为用于系统功能管理的管理信道 P_{smc} 和用于传输业务信息的工作信道 P_d,根据 GES 业务量,P_{smc} 和 P_d 也将分配在同一条信道或不同的信道上。每个 GES 往往有几条(例如 4 条以上)P_{smc} 信道和更多的 P_d 信道。基本 ADS 的报告可以由 R 信道进行传输。

T 信道是预约 TDMA 信道,仅用于反向。飞机若有较长的报文要发往地面,可用 R 信道为 T 信道预约一定数量的时隙,GES 收到此预约后,为该 T 信道预留所需数量的时隙,用 P 信道通知飞机,飞机接到此通知后,在预留的时隙内按优先等级发送报文。每个 GES 往往有多条 T 信道。

C 信道是一对双向、电路交换方式按需要分配的单路单载波信道。要通话时,先通过 P 信道和 R 信道传送信令信息,根据申请由 GES 分配一对 C 信道(正反各一条)给主、被叫用户使用;通话完毕后释放,将 C 信道交还给 GES 分配。由于 AMSS 系统完全是数字数据通信系统,所以话音也要数字化。目前 Inmarsat 规定,航空移动通信的话音采用 9.6 kbps 的数字化多脉冲激励线性预测编码的信号方式。考虑到传统的脉码调制(Pulse Code Modulation,PCM)方案占带宽太大,同时占用卫星功率太多,目前选用时分复用的办法加进一条子带数据信道传送信令或小量用户数据。C 信道内通话用的主信道也可用于电路方式的数据业务。

卫星与飞机间的 L 频段信号传输由于受地球表面反射的影响,会产生多径衰落,当飞机飞越水面或冰雪表面且指向卫星的仰角较低时,这种多径衰落最严重。基于这个考虑,在 AMSS 中选了两种调制方式:信道速率低于或等于 2 400 bps 时,用航空二相相移键控(Aero-Binary Phase Shift Keying,A-BPSK);速率高于 2 400 bps 时,用航空四相相移键控(Aero-Quadrature Phase Shift Keying,A-QPSK)。A-BPSK 是一种差分编码对称 BPSK,用±90°相移并在发送和接收双方均用平方根升余弦滤波器限制频谱,其抗多径衰落能力很强,但频带利用率不如 A-QPSK。A-QPSK 是一种交错四相相移键控调制方式。在 AMSS 初期,卫星功率受限,机载站多半只装低增益天线,主要用 A-BPSK 传输低速数据;将来,飞机装载高增益天线,卫星频带受限,则可用 A-QPSK 传输高速数据,以节约频谱。

ICAO 推荐的 P 信道、R 信道、T 信道、C 信道所用数据速率、调制方式及信道间隔如表 2-2 所列。

表 2-2 信道传输特性

信道传输速率/bps	信道间隔/kHz	调制方式	信道类别
21 000	17.5	A-QPSK	C
10 500	10.0/7.5	A-QPSK	C,P,R,T
6 000	5.0	A-QPSK	C
5 250	5.0	A-QPSK	C
4 800	5.0	A-QPSK	P

续表 2-2

信道传输速率/bps	信道间隔/kHz	调制方式	信道类别
2 400	5.0	A-BPSK	P,R,T
1 200	5.0/2.5	A-BPSK	P,R,T
600	5.0/2.5	A-BPSK	P,R,T

注：5.0 适用于 P 信道，2.5 适用于 R 信道和 T 信道。

目前几乎所有信道都采用码率为 1/2 的卷积码，接收端则用维特比软判决译码，以得到较高的编码增益，改善误码率。由于存在多径衰落，解调后误码往往是突发式的接连误码，为了改进译码算法的性能，物理层中包括了交织器与去交织器，以打乱数据比特的顺序，使误码分布随机化。

2.3 空管宽带数据链

民用航空交通运输业的飞速发展为民航空中交通管理的通信、导航、监视及机场基础设施带来巨大压力和挑战。为应对通信基础设施带来的挑战，2004 年 FAA 与 EUROCONTROL 联合发起了未来通信研究计划，该计划的主要目的是通过评估现有的各种通信技术手段，以寻找民航未来航空通信的主要技术手段，最终满足民航地空数据通信的要求。经过三个阶段的评估，FAA 与 EUROCONTROL 就民航未来地空及机场通信达成以下共识：在陆地航路飞行阶段，民航航空器与地面的主要通信手段是 L 频段航空宽带数据链系统；在陆地偏远及跨海飞行阶段，民航航空器与地面的主要通信手段是航空移动卫星通信系统；在机场终端区域，民用航空器的主要通信技术手段是航空移动机场通信系统。

2.3.1 L 频段数字航空通信系统

L-DACS 是为飞机提供宽带地空通信服务的一种新型数据链，2009 年 EUROCONTROL 与 FAA 联合提出了 L-DACS 技术，该技术基于第三代移动通信（3G）技术体制，支持在基于 IPS 的航空电信网（ATN/IPS）中进行数据传输。2020 年，中国民用航空局空中交通管理局发布了《中国民航空管现代化战略》，明确把 L-DACS 作为未来空管航路阶段地空通信的关键技术，逐渐实现航路阶段从现有的窄带话音管制服务过渡到基于宽带通信的数字化管制服务。与此同时，L-DACS 系统可以根据各个用户的通信需求以不同的服务质量支持话音通信和数据通信。此外，L-DACS 系统有潜力发展成通信、导航、监视一体化系统。

研究初期，L-DACS 系统存在 L-DACS1 和 L-DACS2 两种架构的地空数据链候选技术方案。L-DACS1 系统采用频分双工（Frequency Division Duplex, FDD）和自适应编码调制的正交频分复用（Orthogonal Frequency Division Multiplexing, OFDM）系统，主要在航空 L 波段的测距仪（Distance Measuring Equipment, DME）的频谱空隙上传输数据。L-DACS2 系统则采用时分双工（Time Division Duplex, TDD）复用方式和差分高斯最小频移键控（Gaussian Minimum Shift Keying, GMSK）调制，使用单载波方式在 960～975 MHz 上传输数据。L-DACS1 系统使用自适应调制的 OFDM 技术，具有更高的频谱利用率、更灵活的频谱选择性和扩展性，当前 L-DACS1 系统已被选定为下一代航空宽带通信系统，并且 ICAO 与

EUROCONTROL 已经制定了技术标准草案,因此本节对 L-DACS 系统进行阐述时不再区分 L-DACS1 与 L-DACS2 系统。

1. 工作原理

L-DACS 系统工作在航空 L 波段上,由于 L 波段已布局 DME 系统、二次雷达系统、通用访问收发机、全球移动通信系统和全球卫星导航系统等多种无线电系统,频谱资源十分紧张,因此 L-DACS 系统主要在 L 波段剩余的频谱空洞上进行传输,并采用非连续内嵌技术在 DME 系统的频谱空隙间传输。L-DACS 系统的前向链路(地面基站作为发送端)工作于 1 110～1 156 MHz,反向链路(飞机作为发送端)工作于 964～1 010 MHz。

L-DACS 系统主要包括地空和空空两种通信模式,其中地空网络采用星形拓扑网络结构和单地面基站对多机载设备的蜂窝覆盖方式,单基站覆盖半径约为 370 km,能够同时支持 200 多架飞机通信,支持飞机最高速度为 1 080 km/h。在 L-DACS 系统的地空网络中,地面基站实现沿航路的宏蜂窝覆盖,每个飞机都接入各自所在范围内的基站并通过 L-DACS 系统地空数据链进行传输。地面基站作为区域性的控制中心可同时支持多架飞机的双向地空通信,并控制覆盖范围内所有飞机的数据传输。

地面基站可提供一个 L-DACS 无线小区,每个地面基站是控制其无线小区内所有地空通信的中心实体。基站对飞机的通信控制主要包括专用控制信道分配和数据传输信道分配,具体如下:飞机进入基站覆盖区域后将向负责该区域的中心基站发送注册申请,基站收到请求后将分配静态的信道资源给飞机作为专用控制信道;当飞机需要进行数据传输时,将通过专用控制信道向基站发送数据信道申请,基站在收到请求后将根据飞机的数据需求动态分配信道资源作为飞机的数据传输信道。

2. 系统组成

L-DACS 协议栈定义了三个层:物理层、数据链路层和子网络层,如图 2-7 所示。

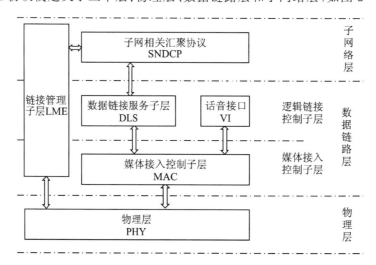

图 2-7 L-DACS 三层架构

物理层(PHY)主要提供通过无线电信道传输数据的方法。数据链路层分为两个子层:媒体接入控制子层(MAC)和逻辑链路控制子层(Logical Link Control,LLC)。逻辑链路控制子层管理无线电链路并为更高层提供不同级别的承载业务,包括数据链路服务(DLS)和语音接口(Voice Interface,VI)。子网络层通过子网相关的会聚协议(Subnetwork Dependent Convergence Protocol,SNDCP)与基于 IP 的航空电信网络连接。

(1) 物理层

L-DACS 系统的物理层主要采用 OFDM 技术与自适应调制编码(Adaptive Modulation and Coding,AMC)结合的方式,该系统中单个信道带宽是 625 kHz,包括 64 个子载波,其中 498.05 kHz 为有效带宽,有效子载波数为 50,其余子载波分别在信道两边作为信道的保护子载波。OFDM 符号的循环前缀长度为 17.6 μs,其中 4.8 μs 的保护间隔可有效减少多径效应的影响,12.8 μs 的发送窗则可减少带外辐射。AMC 动态调整 L-DACS 系统的传输方式以适应不断变化的链路质量,这使得 L-DACS 系统可以高效地利用频谱资源并实现了 469~2 819 kbps 的数据传输速率。

如图 2-8 所示,超帧为 L-DACS 系统的数据传输单元。L-DACS 系统前向链路的超帧由一个广播控制帧和四个多帧组成,其中用于广播基站基本信息的广播控制帧持续时间为 6.72 ms。前向链路的每一个多帧持续时间为 58.32 ms,它由用于向飞机传输控制信息的公共控制帧和用于数据传输的子帧两部分组成。L-DACS 系统反向链路的超帧由一个随机接入帧和四个多帧组成,其中用于向基站发送接入信息的随机接入帧持续时间为 6.72 ms。反向链路的每一个多帧持续时间为 58.32 ms,它由用于向基站传输控制信息的专用控制帧和用于数据传输的子帧两部分组成。

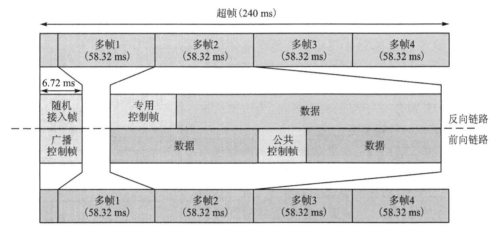

图 2-8 L-DACS 超帧结构

如图 2-9 所示,L-DACS 系统的物理层主要包括发射端和接收端两部分。其中,发射端对基带数据进行信道编码、交织和调制映射获得已调制数据流,并插入同步符号和导频符号,通过串并转换得到多路并行子数据流,随后采用离散傅里叶逆变换运算变换到时域,通过并串变换、添加循环前缀和加窗处理获得时域信号,并经过 D/A 转换和上变频,最后通过天线发射;接收端收到接收信号后,首先对其进行相应的下变频和 A/D 转换,随后进行符号、时钟和载波同步,去除循环前缀,通过串并变换和离散傅里叶变换运算变换到频域,并经过并串变换得到串行数据流,通过提取导频并调用信道估计算法实现信道估计,最后对数据流进行符号解映射与信道解码处理,从而恢复发射基带数据。

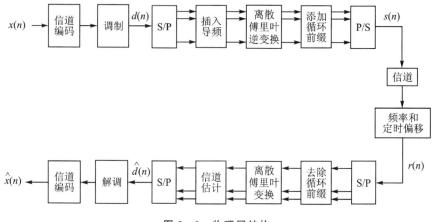

图 2-9 物理层结构

(2) 链路层

L-DACS 系统链路层主要包括三个子层,即媒体接入控制(MAC)子层、链接管理(LME)子层和数据链路服务(DLS)子层,图 2-10 所示为 L-DACS 链路层的结构框图。其中,MAC 子层主要负责链路层逻辑信道与物理层资源块的相互映射;LME 子层主要负责控制飞机与基站间控制信息的交互,具体包括:飞机的小区注册、小区登出、小区切换和数据传输信道的资源请求与分配等;DLS 子层主要负责数据包的发送确认与应答以及多优先级的区分服务。

在 L-DACS 系统中,每个飞机进入地面基站覆盖范围时都会在负责该区域的基站处进行注册,完成注册后,基站将建立一个与该飞机链路层结构相似,且同样包括 MAC、LME 和 DLS 子层的对应模块,为该飞机提供专用的链路管理与传输服务。

L-DACS 系统链路层的主要功能为资源的管理与分配,一方面是飞机进入基站覆盖范围时的接入过程即专用控制信道的分配,所分配信道主要用于飞机与基站间控制信息的交互;另一方面是数据传输时的资源分配,包括数据传输信道的动态资源分配和飞机/基站的资源调度。

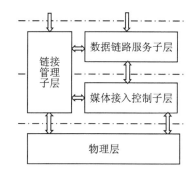

图 2-10 链路层结构

专用控制信道是飞机在基站注册后所分配的专用于该飞机的反向控制信道,主要负责飞机与基站间控制信息的交互以及数据传输信道的资源分配申请。专用控制信道主要采用静态资源分配的方式,每个飞机在注册时都会获得一个专用控制信道直到飞机离开本基站的覆盖范围。

专用控制信道分配完毕后,当飞机有数据传输需求时,将通过已分配的专用控制信道进行数据传输信道的资源分配申请。L-DACS 系统的数据传输将通过机会占用 DME 系统的离散频谱间隔的方式实现。L-DACS 系统可通过频谱感知获得该频段可用的剩余离散空闲频谱资源,并采用动态离散频谱分配机制进行有效的资源分配,实现基于离散频谱的机会频谱占用与高效传输。

资源调度主要是数据传输信道分配完毕后,飞机/基站根据自身当前的业务需求合理地将数据传输信道划分给该飞机/基站上不同业务进行数据包的发送,这个过程主要是飞机/基站自身缓存队列中数据包的队列调度过程,通过队列调度算法将获得的数据传输信道合理划分给不同业务流使用。

2.3.2 航空移动机场通信系统

全球机场交通流量的增加导致了空中交通管制和航空公司业务通信服务数据负载增长,需要一种新型的宽带通信结构来满足通信运行概念和要求所预见的所有应用和业务需求。EUROCONTROL 和 ICAO 联合研究确定了一种基于 IEEE 802.16—2009 标准的解决方案,即移动 WiMAX,能在机场场面提供专用的航空通信,该系统在航空 C 波段运行,被命名为 AeroMACS。2012 年 11 月的全球航行大会上通过了将 AeroMACS 系统作为未来航空移动机场通信系统的提案。2016 年 ICAO 正式发布《AeroMACS 技术手册》(Doc 10444),并修订 ICAO 附件 10 附录 3,增加 AeroMACS SARPs 标准。2017 年 5 月,航空电子工程委员会(Airlines Electronic Engineering Committee,AEEC)颁布《AeroMACS 发射机与航空器安装标准》(ARINC Doc 766),即 AeroMACS 航电设备安装及通信标准。近年来,随着全球航空运输系统朝着数字化、智慧化的方向转型升级,各类航空业务对机场环境下的通信能力提出了更高的要求。为此,中国民用航空局于 2022 年向 ICAO 通信专家组提交了引入 5G 等新一代蜂窝移动通信技术、修订 AeroMACS 技术标准的建议,为 AeroMACS 提供更高的频谱效率、更少的干扰以及更低的通信延迟,并提升系统互操作性,这一建议得到了 ICAO 专家组的全面支持,目前已启动 AeroMACS 技术标准修订的相关工作。

1. 工作原理

AeroMACS 的主要工作原理为:实际进行系统设计时,需要结合通信服务区域的分布特点以及通信服务需求,合理设置基站位置,以及基站与网关、基站与用户站的结构关系。系统工作时,借助基站来实现对地空通信服务的有效连接,主要是通过上行链路和下行链路调度器对射频资源进行管理与区分,并且依靠逻辑基站进行频率的置换,从而达成通信交流的目的;服务网络网关(Access Service Network-Gateway,ASN-GW)与网络联通服务(Connectivity Service Network,CSN)进行直接连接,并且实现路由的桥接功能。此外,AeroMACS 还具备一定的逻辑功能,可对通信数据的传输安全进行分析,并且做到对数据信息负载的平区分配,保障基站的运行荷载均衡。基站和服务网络网关共同组成最基本的服务网络(Access Service Network,ASN);AAA 认证服务器提供验证授权以及帐户服务,管理接入用户访问网络服务器,对具有访问权的用户提供服务;网络联通服务功能模块还能在机场内部或者网络内部有针对性地为用户提供 IP 连接服务。

AeroMACS 采用正交频分多址(Orthogonal Frequency-Division Multiple Access,OFDMA)载波调制,能提供多种带宽通信方案,满足机场场面运行对无线通信的需求。同时,AeroMACS 继承了 IEEE 802.16 标准的多个优点:AeroMACS 支持终端最大移动速度超过 120 km/h,满足机场场面移动终端需求;具有良好的视距通信能力,视距最大通信距离大于 10 km;具备一定的非视距通信能力,满足航站楼及停机坪等环境的实际使用需求;具有保障服务质量能力,能够为用户提供基于通信速率的差别化服务;采用基于 IP 的三层通信网络机制,具有良好的网络延展性,能够承载多种业务系统等。

AeroMACS融合了大量的先进技术,是多项先进技术共同组成的系统,具备传统民航通信系统所不具备的应用优势,主要表现为:与传统的航空管理通信服务系统相比,该系统中的带宽设置更加合理,信息通道较多,在进行信息传输时,可实现对多个渠道信息的同步传输,有效打破了原有的带宽限制问题;此外,还具备良好的信息传输可靠性,该系统中所应用的加密认证算法和认证服务可有效避免来自外界的攻击影响,使信息传输安全得到保障;具备较强的移动性,在移动终端运动速率较大的情况下,也可提供良好的通信服务功能;具备较强的兼容性。IP网络覆盖面积较广,可以适用于多种网络。从某一层面上来讲,该系统的应用还可减少基站设置的数量,同时能够保障信息传输的效率与质量。AeroMACS可以支持机场场面移动用户之间的各种数据、视频和语音传输以及信息交换。该系统将重点支持与飞行安全和操作规范相关的服务,通过提高系统的安全性、可用性和多样性,进一步完善通信、导航、监视系统基础设施的开发和运营,并提升ATM和ATS的运行效率。

2. 系统组成

AeroMACS主要由移动用户站(Mobile Station,MS)、固定用户站(Subscriber Station,SS)、服务网络(ASN)、基站(Based Station,BS)、网关(ASN - GW)、AAA认证服务器和网络联通服务(CSN)等组成。系统网络拓扑简图如图2-11所示,其中,移动用户站指的是各类交通运输工具等的移动节点,固定用户站则是指雷达以及航线设备的节点站,基站指的是网络的接入位置。

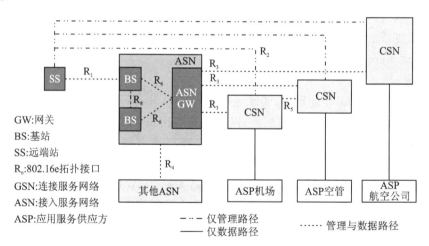

图2-11 系统网络拓扑图

(1) 物理层

图2-12所示为AeroMACS网络体系结构,其中大部分协议内容都与标准协议IEEE 802.16e相同。AeroMACS采用了OFDM技术,在OFDM系统中输入的数据流被分成几个并行的降低数据速率的数据子流,从而增加符号持续时间,每个子流在一个单独的正交子载波上调制和传输。此外,OFDM引入循环前缀,循环前缀持续时间大于信道时延拓展来消除码间干扰(ISI)。AeroMACS物理层基于OFDMA,作为一种多载波技术,OFDMA在多径衰落环境下具有减轻频率相关失真和简化均衡的能力,并且物理资源按照特定的子信道化方案分配给用户。IEEE 802.16—2009支持多种方案,而AeroMACS仅采用部分使用子信道方案,即按照伪随机排列将数据区域分配给子信道,以保证高频分集。AeroMACS采用时分双工方

式，能够更有效地支持不对称流量，固定帧长为5 ms。其采用了不同的调制和编码方案，从而有效地适应信道参数和用户需求。同时，AeroMARS 考虑了 QPSK、16 - QAM 和 64 - QAM 调制方案以及卷积码，并且能够根据通信信道的传播条件选择最合适的调制和编码方案。例如，在良好的传播条件下，采用低编码冗余的高阶调制方案，以提高传输的数据率；在信号衰减时，系统选择低阶调制方案和编码率，在不增加信号功率的前提下，保持连接质量和链路稳定性。

MAC
PHY
特定服务汇聚子层
(CS)
公共部分子层
(MAC CPS)
安全子层
物理层
(PHY)

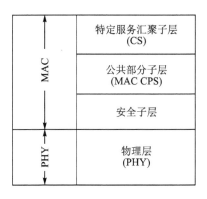

图 2 - 12　AeroMACS 网络体系结构

(2) MAC 层

AeroMACS 的 MAC 层符合 IEEE 802.16—2009 标准，多个用户通过联合使用 TDMA 和 OFDMA 方案来访问信道。AeroMACS 的 MAC 层由三个子层组成：特定服务汇聚子层(Convergence Sublayer，CS)、公共部分子层(Common Part Sub-layer，CPS)和安全子层。CS 将上层的外部数据映射到相应的业务数据单元，提供更高层的接口，通过不同的会聚方式更好地适配各种上层协议。CPS 负责执行 MAC 层的核心功能，负责系统接入、带宽分配、连接建立和连接维护。安全子层提供认证、密钥交换和加密等与安全有关的功能。AeroMACS MAC 层的功能如下：支持自动重传请求功能，该功能在 MAC 层和物理层执行操作，通过请求重传错误接收的数据包实现；分配 TDMA 帧的时隙；管理用户站的访问。

3. 关键技术

AeroMACS 技术指标要求包括射频特性、服务供应商要求、安全性三个方面，如图 2 - 13 所示。AeroMACS 可以承载更多的业务和用户；可以支持航空公司运行控制、机场协同决策(Airport - Collaborative Decision Making，A - CDM)、空中交通管制等领域的应用；可以在与前舱机载设备进行的通信中使用。AeroMACS 也存在着部分缺点，系统建设成本高，生产基站设备厂家目前较少。AeroMACS 应用层成熟的系统不多，基于 AeroMACS 现有应用的系统大都处于测试或试运行阶段。

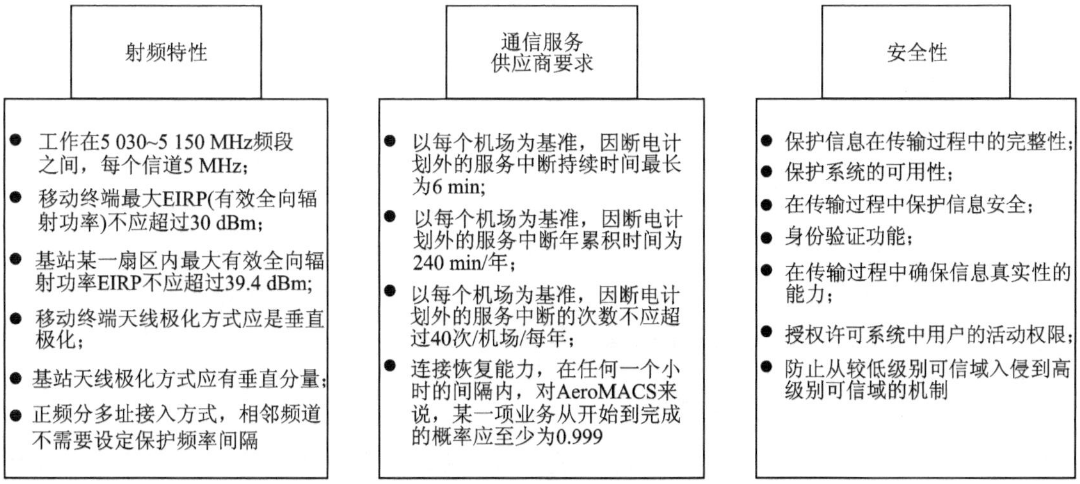

射频特性
● 工作在5 030~5 150 MHz频段之间，每个信道5 MHz；
● 移动终端最大EIRP(有效全向辐射功率)不应超过30 dBm；
● 基站某一扇区内最大有效全向辐射功率EIRP不应超过39.4 dBm；
● 移动终端天线极化方式应是垂直极化；
● 基站天线极化方式应有垂直分量；
● 正频分多址接入方式，相邻频道不需要设定保护频率间隔
通信服务供应商要求
● 以每个机场为基准，因断电计划外的服务中断持续时间最长为6 min；
● 以每个机场为基准，因断电计划外的服务中断年累积时间为240 min/年；
● 以每个机场为基准，因断电计划外的服务中断的次数不应超过40次/机场/每年；
● 连接恢复能力，在任何一个小时的间隔内，对AeroMACS来说，某一项业务从开始到完成的概率应至少为0.999
安全性
● 保护信息在传输过程中的完整性；
● 保护系统的可用性；
● 在传输过程中保护信息安全；
● 身份验证功能；
● 在传输过程中确保信息真实性的能力；
● 授权许可系统中用户的活动权限；
● 防止从较低级别可信域入侵到高级别可信域的机制

图 2 - 13　技术指标要求

AeroMACS工作频段为5 091~5 150 MHz,调制方式为TDD、OFDMA和自适应调制编码(AMC)。AeroMACS使用5 MHz信道带宽,传输速率可达9.2 Mbps。AeroMACS使用X.509、AES-128、EAP-TLS Auth.和PKMv2等安全加密手段。

4. 主要应用

AeroMACS作为新型机场航空移动通信系统,主要为机场场面的飞机、车辆、人、机场设施提供航空宽带通信服务,图2-14所示为AeroMACS系统的主要应用场景。

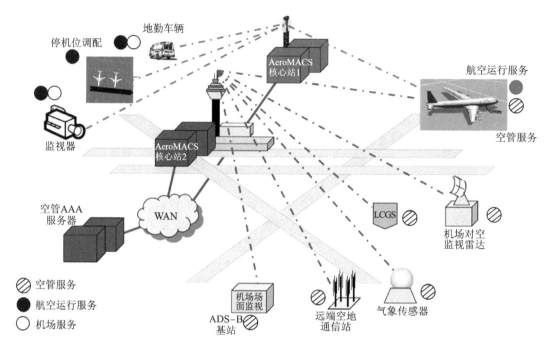

图2-14 AeroMACS的主要应用示意图

AeroMACS主要业务包括:

① ATC/ATM;
② AOC;
③ 机场运行;
④ 安保视频相关业务;
⑤ 多点定位(Multilateration,MLAT)。

AeroMACS可为空中交通管理提供通信、导航、监视、气象的数据传输服务,基于该系统可提供航空器机场放行许可、电子飞行服务包的数据传输服务等;可为AOC提供航空服务信息(Aeronautical Information Services,AIS)、气象信息服务(Meteorological Information Service,MET)、SWIM等数据通信服务;可为机场运行管理、场面指挥调度、机场跑道视频监控、机场周界安保监控、除冰、除雪等运行提供话音与数据通信服务。

2.3.3 宽带卫星数据链系统

宽带卫星通信系统可以为空中交通管理提供数据和话音通信服务。与窄带卫星通信系统不同的是,宽带卫星通信系统提供的传输容量更大,可以为航空用户提供大容量的卫星信道用来传输海量数据、高清视频信息,以促进空中交通管理系统实现高效的态势共享。本节以 Iridium Certus 宽带系统和 Inmarsat Swift Broad Band 系统为例,介绍用于航空通信的宽带卫星通信系统。

1. 工作原理

Iridium Certus 宽带系统和 Inmarsat Swift Broad Band 系统可以通过卫星中继转发,为飞机前舱与地面管制中心之间的宽带业务提供服务。

Iridium Certus 宽带系统链路及工作频段如图 2-15 所示。

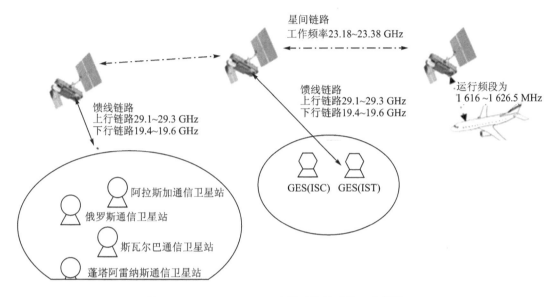

图 2-15 Iridium Certus 宽带系统链路及工作频段

Iridium Certus 宽带系统地面地球站、Teleport 网络与卫星间的馈线链路采用 Ka 波段,传输速率高达 24 Mbps,上行链路工作频段为 29.1~29.3 GHz,下行链路工作频段为 19.4~19.6 GHz。GES 与 Teleport 系统相互结合,可以提供与卫星网络间的上下行链路,铱星宽带系统能够使用 Teleport 网络作为服务动态管理的一部分。Teleport 站点不处理任何流量,仅作为一种与 GES 相关的话音和数据服务的安全传输机制。

Iridium Certus 星间链路也使用 Ka 波段,传输速率达 12.5 Mbps,工作频率为 23.18~23.38 GHz,星座结构如图 2-16 所示。每颗卫星能够与同一轨道平面内正前方和正后方的卫星进行通信,也能够与相邻两个轨道平面内距离最近的卫星进行通信。

Iridium Certus 卫星的可运行频段为 1 616~1 626.5 MHz,其中,1 626~1 626.5 MHz 是用于 AES 接收信号的单工频段。1 619~1 626 MHz 被分为 168 个频率接入信道,每个信道占用 41.667 kHz 的带宽。Iridium Certus 系统中的每颗卫星的相控阵天线可以产生 48 个点波束,覆盖直径约 4 700 km 的

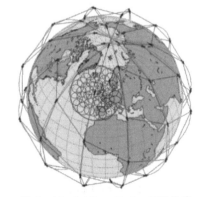

图 2-16 Iridium Certus 卫星星座

圆形区域。Iridium Certus 系统 L 波段信号支持 DE-QPSK、QPSK 以及 16APSK 等不同调制方式以实现不同的数据传输速率，DE-QPSK 只用于上行链路中的捕获与同步。

Swift Broad Band 通过 Inmarsat-4(I4) 卫星和 Alphasat 卫星使用 L 频段的用户链路和 C 频段的馈线链路传输数据。I4 卫星的关键部分是一个 9 m 口径的天线和一个数字信号处理器。天线和数字信号处理器用于执行信道化和波束成形功能。与 I4 卫星大致相似，Alphasat 卫星依靠大型 L 波段反射器和数字信号处理器，提供波束形成和信道化功能。SBB 空中接口支持不同调制类型、符号率和码速率的载波和脉冲矩阵。Inmarsat 配置设置和无线电接入网决定动态使用哪些承载和码率（载波和脉冲统称为承载）。对于频率范围，前向用户链路（GES 到 AES）运行的频率范围为 1 518~1 559 MHz，部分 AES 和 I4 卫星只支持 1 525~1 559 MHz 的频率范围，Alphasat 卫星支持全频率范围。反向用户链路（AES 到 GES）的频率范围为 1 626.5~1 660.5 MHz 和 1 668~1 675 MHz，一些 AES 和 I4 卫星只支持 1 626.5~1 660.5 MHz 的频率范围，Alphasat 卫星支持全频率范围。前向的 SBB 射频承载是多个用户共享的 TDMA 载波的连续传输。反向的射频承载基于多个用户之间的 TDMA。Swift Broad Band 系统使用功率效率高的 QPSK 和带宽效率高的 16QAM 和 64QAM 调制，以及多个帧突发持续时间。符号率在 8.4 ksps 和 168 ksps 之间，且符号率为 33.6 ksps 的分数或倍数。

2. 系统结构

服务于航空通信的 Iridium Certus 宽带系统和国际海事卫星 Inmarsat Swift Broad Band 系统均由四部分组成：卫星网络、机载地球站、地面基础设施以及通信网络提供商（Communication Network Providers，CNP）地面基础设施。

Iridium Certus 卫星网络由 66 颗 LEO 卫星组成，是一个全球移动卫星通信网络，覆盖整个地球，全部分布在 6 个轨道平面中，每个轨道平面包含 11 颗轨道倾角为 86.4°的卫星，同时也有 9 个备用卫星，每个平面包含至少 1 颗卫星，备用卫星将用于替换由于各种原因无法工作的卫星。Iridium Certus 系统机载部分被称为 AES，AES 用于将空间中的射频 L 波段信号转换为基带语音和数据信号。AES 主要包括以下部分：天线、低噪声放大器、功率放大器、Iridium Certus 系统收发机、飞机安全网关、飞机数据链网关等。Iridium Certus 地面基础设施由 GES 和 Teleport 系统组成，Teleport 系统是 GES 的扩展，可为 Iridium 服务启用多个地面位置。铱星系统地面基础设施主要包含以下功能：地面网络 MPLS 控制和传送网络、服务交付管理器、Iridium Certus 接入网络控制器、Iridium Certus 服务提供商网络、地面安全网关、地面数据链网关、话音地面服务架构以及地面网络备份和切换。Iridium Certus 通信网络提供商为 ANSP 和航空公司提供语音、ACARS 和 IP 服务的地面基础设施。

Swift Broad Band 是被国际民航业认可的可用于驾驶舱高安全级别通信的卫星系统之一，是国际海事卫星公司为飞行器提供的宽带数据通信服务，该服务是基于第四代国际海事卫星的宽带全球访问网络业务。Inmarsat 卫星网络由 I4 卫星和地球静止轨道上的 Alphasat 组成，这些卫星是地球同步卫星，倾角通常小于 3°，提供除极地地区外的全球覆盖。Inmarsat 地面部分由业务承载和非业务承载两部分组成。关键的业务承载组件位于卫星关口站中。数据通信网络使用 IP 连接各种物理站点，包括 IP、ACARS 和 ATN/OSI 网络汇接中心。在这些站点中，流量被移交给通信网络提供商。非业务承载组件主要是业务支持系统和网络运营中心，业务支持系统处理激活和计费，网络运营中心负责整个网络以及与通信网络提供商的控制和联络。Swift Broad Band 通信网络提供商为 ANSP 和航空公司提供语音、ACARS、ATN/OSI 和 IP

服务的地面基础设施组件。

2.4 空管通信网络

随着航空数字通信和网络技术的发展,集成化的数字网络成为民航通信系统的发展方向,目前空管通信网络主要分为两类:ACARS 网络与 ATN 网络,这两类网络作为航空通信网络的主体,能够支持空中交通服务的各项内容,如图 2-17 所示。

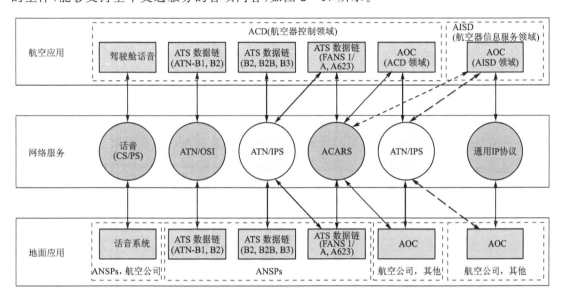

图 2-17 航空网络与应用服务

ACARS 网络是从美国应用的 ARINC 公司飞机通信寻址和报告系统开始演进的,可以准确快速地实现网络上任意两点之间报文数据的传输与交换,逐渐成为保障航空器安全、高效运行的必要手段,但仍存在频谱效率低以及不支持数字语音和数据流文件传输的缺点。当前 ACARS 空地网络主要由三种技术支撑:在航空器与地面站之间传输 VHF 信号的 VHF ACARS;在航空器与 HF 地面站之间传输 HF 信号的 HF ACARS;SATCOM ACARS 则是航空器与通信卫星进行直接通信,再由通信卫星与所连接的地面站进行通信转发。其中,VHF ACARS 为主要应用技术。

ATN 网络是 ICAO 规划与推动的新一代全球航空业专用互联网络,能够支持新航行系统的航空服务和航空管制。它利用网络互联技术,整合多种地空数据链和地面通信系统,提供地空一体化的、可靠的端到端数字通信服务。在 ICAO 的 ASBU 计划中,ATN 是其通信技术路线图的重要组成部分,可实施各项运行改进所依托的通信基础设施。ATN 将航空运行的机载计算机系统与地面计算机系统连接起来,能够支持多国和多组织的运行环境,使它们之间随时互通信息,可以支持所有民用航空飞行安全保证应用系统间的通信,包括空中交通管理计算机系统与航空公司飞行运行管理计算机系统间、航空公司飞行运行管理计算机系统与飞机计算机网络系统间、空中交通管理计算机系统与飞机计算机系统间、地面空中交通管理系统各计算机系统间以及航空公司各计算机系统间的通信。

目前有两类网络互联协议应用于ATN：

① ATN/OSI协议，由ICAO根据ISO开放系统互联标准制定的第一代《航空电信网技术规范》(Doc 9705)，具备的优点包括开放的标准化网络互联协议，确保来自不同厂商、不同型号设备之间的互联互通，协议体系完整，内置安全性强，但存在协议复杂度高，实现和使用复杂，通信带宽开销大，协议应用领域较窄的缺点。

② ATN/IPS协议，由ICAO根据IETF相关技术规范所制定的基于TCP/IP协议的《航空电信网技术规范》(Doc 9880)，具备的优点包括基于TCP/IP协议的技术和设备成熟，协议设计简洁，效率高，但存在安全性较弱的问题，需要补充安全机制以满足相应保密级别的信息传输要求。

未来ATN/IPS将最终将取代ACARS和ATN/OSI网络协议，并为当前和未来的航空服务与应用提供融合式的技术关联。航空标准组织现阶段正在进行ATN/IPS标准的制定。

2.4.1 ACARS网络

ACARS网络已经持续建设发展五十余年，全球覆盖范围广泛，技术也较为成熟。该网络应用于机组与地面管制中心、地面运行控制中心之间的消息交互以及机载航电系统与地面端系统的数据交互。

ACARS作为现行的数据链网络协议，主要由ARINC 618、ARINC 620、ARINC 622等协议定义了其具体标准。其中ARINC 618定义了ACARS甚高频通信的地空协议以及报文格式，该格式称为A型报文；ARINC 620定义了地地通信协议，包括地面站之间的报文格式及路由，该格式称为B型报文；ARINC 622定义了通过ACARS数据链发送ATC应用报文的处理过程（包括ARINC 623 ATC报文）。目前，ACARS网络在国内可以实现全国绝大多数航线和航路的通信覆盖，同时现阶段国内机队100%具备了VHF数据链通信能力，ACARS报文平均传输延时小于7 s。

1. ACARS的功能

ACARS由机载系统和地面站网络构成，地面网络可以连接到航空公司运控网络或者其他用户（如航空当局）的网络，在地面服务提供商网络的支持下，该地空数据链接的机载部分使航空器上的系统设备能够作为移动通信终端运行，因此，航空器可以通过ACARS网络与地面管制中心或其他航空器进行数据传输与信息交互。

ACARS系统的机载系统能够收集机载传感器提供的各类信息，按照规定的格式装配ACARS报文，将报文作为传输单元通过地空数据链路（包括VHF SATCOM和HF数据链）发送到地面（下行）；也可以将地面系统发送的控制命令和数据等信息装配成ACARS数据报文，通过相同的地空数据链路发送到飞机（上行）。

ACARS系统具有自动报告功能，报文可以由系统自动发送，也可以根据需要由人工发送，报文中含有许多重要的数据和信息，如飞机当前位置、发动机数据、气象信息、管制指令等。可见，ACARS系统将飞机与地面的人员和自动化系统有效地联系在一起，从而使航空公司、空管部门等用户更方便、快捷地实现对飞机的运行管理与控制、状态监控与故障远程在线诊断等一系列功能，可有效降低航班运行费用，提高航班运行效率。

相对于传统的地空话音通信系统，ACARS系统具有以下优点：

① 提升信息的实时性，增加信息量。ACARS系统能够传送一些飞行员没有觉察而系统自动探测出来的故障信息到地面。这种实时确认信息的能力减少了工作负荷，增加了机组效

能,提高了签派和维修效率,从而降低了航空公司的维修成本。

② 资料和数据易共享。话音信息很难分配到航空公司的各个部门,而 ACARS 系统按照标准的报文进行信息交流,完整准确地提供基于字符类型的信息,易于分析和保存,可随时翻阅和供事后查询,也可经由地面网络实时传送给其他相关部门。

2. ACARS 的协议

(1) ACARS 协议体系结构

为了保证地空数据链系统的开放性,ICAO 对 VHF 数据链系统的网络通信体系结构进行了标准化,按照 OSI 参考模型的 7 层体系结构定义了甚高频数据通信设计标准。从前文对于 ACARS 机载子系统、地面网络控制中心与用户系统的功能及规范的介绍可知,ACARS 系统地空数据传输满足 ARINC 618 规范,地地数据传输满足 ARINC 620 规范,它并不能与 OSI 开放 7 层协议体系结构完全对应,不满足 ICAO 定义的数据链路协议体系标准,其数据链路的链接模式、数据报文的格式、寻址方式等均与面向比特的数据链不同。但是 ACARS 系统是当前空管运行广泛使用的地空数据链系统,为了将其与标准的分层协议体系结构相统一,表 2-3 给出 ACARS 系统数据传输功能与 OSI 标准参考模型层次间的对应关系,ACARS 系统协议体系结构如图 2-18 所示。这里仅给出 ACARS 系统通过 VHF 链路和卫星链路实现的地空通信,没有显示通过 HF 链路的情形。关于 ACARS 系统通过 HF 链路和卫星链路实现地空通信的具体协议这里不做说明。

表 2-3 ACARS 数据传输与标准协议体系对比

提供服务	OSI 标准体系		
应用服务	应用层	ACARS 数据链	
	表示层		
传输服务	会话层		
	传输层		
网络服务	网络层	满足 ARINC 620 规范	地地数据报文格式与传输规则
	链路层	满足 ARINC 618 规范	地空数据报文格式与传输规则
			通信连接模式 CAT-A 和 CAT-B
			介质访问控制(CSMA)
	物理层	频率控制、数据编码/解码、调制/解调等	

ACARS 地面用户与地面网络之间传输数据遵照 ARINC 620 规范,其报文格式称为标准报文格式(Standard Message Text,SMT)。该格式使用标准的报文标识码(Standard Message Identifiers,SMI)和正文单元标识码(Text Element Identifiers,TEI)。ACARS 网络管理与数据处理系统负责将所接收的下行 ACARS 报文转化为 SMT 格式报文,并最终发送到目的用户。同样,它将地面用户发送的 SMT 格式报文转化成 ARINC618 地空传输报文格式,然后发送到机载 ACARS 用户。

(2) ACARS 报文协议

由于我国使用的是 ARINC 公司的 ACARS 系统,因此地空通信的电报格式应符合

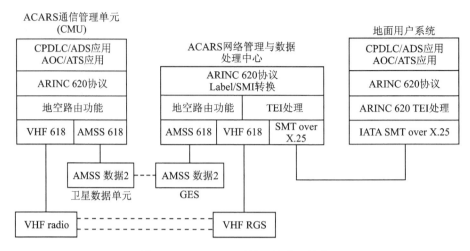

图 2-18 ACARS 系统协议体系结构

ARINC 618 协议。ACARS 空地报文是根据 ISO-5 字符集定义使用的。表 2-4 与表 2-5 中分别定义了下行和上行电报中各段的名称、大小，并给出了典型示例。

表 2-4 空地下行报文结构

Name	SOH	Mode	Aircaft Registration Number	TAK	Label	DBI	STX	MSN	Flight ID	ApplText	Suffix	BCS	BCSSuffix
Size	1	2	7	1	2	1	1	4	6	0~210	1	2	1
Example	\<SOH\>	2	N123XX		5Z	2	\<STX\>	M01A	XX0000	DOWNLINK	\<ETX\>		\<DEL\>

表 2-5 空地上行报文结构

Name	SOH	Mode	Aircaft Registration Number	TAK	Label	UBI	STX	ApplText	Suffix	BCS	BCSSuffix
Size	1	2	7	1	2	1	1	0~220	1	2	1
Example	\<SOH\>	2	N123XX	\<NAK\>	10	A	\<STX\>	UPLINK	\<ETX\>		\<DEL\>

1) 下行报结构

① 电报头开始(SOH)：1 个字符，以 ISO-5 字符集中的控制字符 SOH 表示。

② 模式字符(Mode)：1 个字符。

A 类：以字符 2 表示；

B 类：以字符"@"~"]"中的一个表示，每份下行报中的实际模式字符是根据加了前缀的地面系统访问码确定的，该访问码由 MU/CMU 根据上行模式字符选择。

③ 地址段(Address)：7 个字符，一般为航空器注册标志(机尾号)。MU/CMU 不发送航空器注册标志错误的下行报，MU/CMU 查询到航空器注册标志后，会记录下来，直到注销。

④ 技术确认(Acknowledgement)：1 个字符，以字符 A~Z、a~z 或控制字符 NAK 中的一个表示。

⑤ 标签(Label)：2个字符，标签段表明电报的内容和类别，主要用于决定路径和寻址。标签段只能使用在 ARINC 620 中定义过的标签。

⑥ 下行数据块标识(DBI)：1个字符，以字符 0~9 中的一个表示。

⑦ 电报开始标志(STX)：1个字符，以控制字符 STX 表示。

⑧ 电报正文(Text)：小于等于 220 个字符，电文必须由 ISO-5 字符集中的非控制字符构成。如果报文长度超过 220 个字符，将被分成多份进行传递，即多块报。因此，下行电报中必须包含电报序列号 MSN 和航班标识 Flight ID，MSN 由 4 个字符构成，用于电报在地面网中重组；Flight ID 由 2 字符的航空公司代码和 4 字符的航班号组成。MU/CMU 不发送航空公司代码不正确的下行报。一些下行报中还包括子标签和地址，主要用于寻址。

⑨ 报尾(Suffix)：1个字符，对于单块报，以控制字符 ETX 标志电报结束；对于多块报，最后一块以 ETX 结尾，其他块以 ETB 结尾。

⑩ 块校验串(BCS)：16 比特，利用环形冗余纠错形成校验码，以保证报文的准确性和完整性。BCS 校验从 SOH 段到 ETX 段，但不包含这两个字符。

2) 上行报结构

① 第 1、5、8、9、10 段与下行报中定义相同

② 模式字符(Mode)：

A 类：以字符 2 表示；

B 类：以字符","~"}"中的一个表示，选择哪一个字符由目录服务协议决定，下行模式字符通过地面系统访问码与上行模式字符一一对应。

③ 地址识别(Address)：上行报中的地址段有三种情况：机尾号、航班标识或定时报地址，即 7 个 NUL 字符。MU/CMU 认为这三种地址为有效地址。

④ 主动技术应答(Acknowledgement)：以字符 0~9 或控制字符 NAK 表示。

⑤ 上行数据块标识(UBI)：以字符 A~Z、a~z 或控制字符 NUL 表示。

⑥ 电报开始(STX)：以控制字符 STX 标志电报正文的开始，以字符 ETX 作为不含电报(典型的应答报)的电报结束标志。

由各段的定义可以看出，上下行报文均实现了逻辑的路由和寻址功能；下行电报实现了报文在地面的重组；报文结构的定义保证了报文的准确性、实时性和完整性，为网络管理数据处理系统(Network Management Data Process System，NMDPS)对报文进行处理、分发打下了良好的基础。

3. ACARS 的应用

ACARS 网络在空中交通管理与服务中的典型应用主要包括起飞前放行服务、数字自动终端区信息服务、管制员飞行员数据链通信与合同式自动相关监视(Automatic Dependent Surveillance-Contract，ADS-C)服务等。

(1) 起飞前放行服务

起飞前放行许可(Pre-Departure Clearance，PDC/DCL)系统是一种基于地空数据链的航空器放行系统。该系统利用 ACARS 地空数据链建立飞行员与塔台管制员间的数据通信，管制员向飞行员提供航空器起飞前的放行许可服务。数字化起飞前放行系统的工作流程如下：

① 飞行员通过机载设备发出放行请求报文给地面起飞前放行系统，放行请求报文中包括航班号、机尾号、终端区信息服务代码、机型、起飞机场、目的机场代码及停机位等信息。

② 地面起飞前放行系统接到飞行员请求后，判断是否满足管制放行条件，如果满足放行条件，则塔台管制员发送放行许可报文给机载设备。放行许可报文包含飞行标志、机型、应答机编码、使用跑道、离场航线、飞行高度层等。

③ 飞行员接收到管制员的放行许可报文后，回复确认。

传统的话音放行模式使用单一的放行频率，并且同一时间只有一个管制员负责放行，在飞行流量高峰时会出现管制频率拥挤和争抢问题，且话音质量不高会导致严重的安全隐患。而 DCL 系统使用数据通信可以实现放行程序异步化，可以减轻飞行员和管制员工作负荷，很大程度上减轻了起飞前放行的管制频率拥挤问题，提高了放行效率。

（2）数字自动终端区信息服务

数字自动终端区信息服务系统基于地空数据链通信，可为飞行员提供飞机起飞与降落所在机场的相关信息，如机场的气象实况、起飞和着陆跑道的情况、跑道和滑行道的情况、通信频率以及有助于飞行机组起飞和着陆的信息。传统自动终端区信息服务（Automatic Terminal Information Service，ATIS）系统采用甚高频语音广播的方式实现。飞行员利用甚高频电台收听并记录 ATIS 语音广播。ATIS 信息过时或在气象状况发生显著变化时更新。话音 ATIS 系统存在以下几个方面的问题。首先，由于机场周围存在大量干扰，话音信号往往会引起误解；其次，飞行员为了得到最新的 ATIS 信息，需要一直收听并记录，工作强度大；最后，因为 VHF 的视距传播特性，覆盖范围受限，飞行员只能在机场附近才能收听到 ATIS 广播。

通过使用地空数据链传输 ATIS 信息，即 D-ATIS 技术，在塔台管制员的管制席位上安装相关设备，管制员使用很少的击键操作就可以将 D-ATIS 信息传送给飞机，从而取代了对话音频率可用性的等待。飞行员可以直接通过打印机或屏幕接收 ATIS 信息，而不用再随时监听和通过手工抄写信息，空管人员和飞行员的工作量得以大大减轻，从而避免上述话音传输的缺点。此外，D-ATIS 通过文本转语音技术完全兼容现有的自动话音通播系统，并能够通过简单文字录入的方式实现将临时话音合成为通播信息的功能。

D-ATIS 系统遵循的协议有 ARINC 620 数据链地面系统标准和接口规范以及 ARINC 622 基于 ACARS 地空网络的 ATS 数据链应用协议，D-ATIS 系统结构如图 2-19 所示。

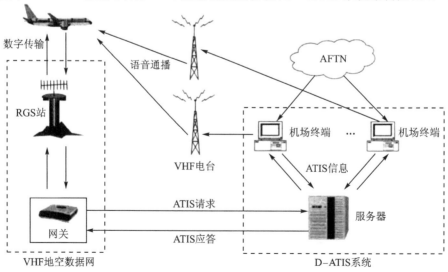

图 2-19　D-ATIS 系统结构

D-ATIS 系统由机场终端、D-ATIS 服务器、甚高频电台、甚高频数据链、地面或卫星链路传输系统等组成。其中,机场终端、甚高频电台、甚高频数据链是分散部署于机场与航路上的终端设备,它们通过地面或卫星链路传输系统与 D-ATIS 服务器形成网状结构。

(3) 管制员飞行员数据链通信与合同式自动相关监视

CPDLC 通过地空数据链进行管制命令/应答,提供用于 ATS 的地空数据通信,实现与空中交通管制过程相对应的一系列放行、移交、信息报文交换。CPDLC 系统结构如图 2-20 所示。

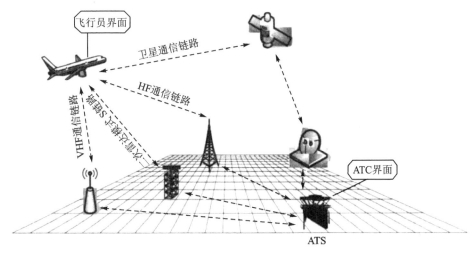

图 2-20 CPDLC 系统结构

其中,VHF 实现视距通信 SATCOM(Inmarsat),HF 用于大洋空域和偏远地区通信。在 CPDLC 应用中,机载 CPDLC 系统简称 ATCCmm,与地面的 CPDLC 应用实体(ATS 工作站)建立端到端的连接,在飞行过程中管制员与飞行员互相交换报文,实现数字化的空中交通管制服务。基本服务内容包括:

① 管制员对飞行员做出的有关高度层分配穿越限制、侧向偏移、航路变更与放行、飞行速度分配、无线电通信频率指派等管制指令。

② 飞行员向管制员请求改变飞行高度层、偏离原定计划、申请放行等,并根据管制员的指令做出响应。

③ 该系统为管制员和飞行员提供编写自由格式报文的功能。

CPDLC 系统具有的优点是,提供可靠的地空通信,管制命令可多次阅读,消除由于话音通信质量差导致的"语义误解",减轻管制员与飞行员的工作负荷。

ADS 系统是指机载导航系统获得飞机识别信息与位置信息后,通过地空数据链自动将信息传送到地面空中交通管制部门处理并显示,供管制人员监视飞机的运行状态的系统。该系统可用于雷达无法实现覆盖的洋区、远端区域和空域,改善现有监视手段的不足。

合同式自动相关监视(ADS-C)是指飞机与地面站按照约定的合同,通过双向数据链(Two-way Data Link,TWDL)发送与接收位置报告。ADS-C 系统由导航卫星、地空数据链、地面处理和显示系统组成,如图 2-21 所示。通常,在启动 ADS 应用后,地面系统首先根据管制要求发送位置报告命令(称为合同),飞机接受该合同并根据合同要求向相应的地面站下发相应的信息。机载 ADS 系统支持 3 种 ADS 合同。

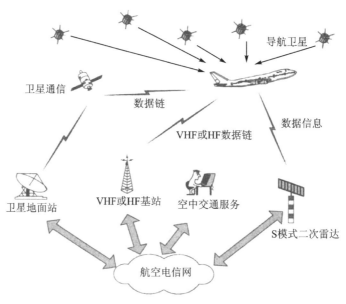

图 2-21 ADS-C 系统结构

① 周期合同(Periodic Contract):按照要求以特定的周期发送特定的信息(包括正常和紧急两种模式)。

② 事件合同(Event Contract):按照要求在某种特定的事件或系列事件发生的时候发送特定的信息。

③ 请求合同(Demand Contract):向飞机询问一次特定的信息。

ADS-C 最常用的实现方式有两种:基于 ACARS 的 FANS 1/A 系统实现和基于 ATN 实现。

2.4.2 ATN 网络

根据 ICAO 的要求,将来各成员国之间的 ATN 要实现互联。而 ICAO 有众多成员国,每个国家都有自己的网络,每个网络都是根据自己国家的需要而设计的,不同国家之间的网络有着不同的特性。如中国民航现在已经建成多套网络系统,包括地面网络和移动网络两类。地面网络包括广域网、航空专用网和本地网三种。中国民航的广域网包括专用广域网(如 CAAC X.25/FR)、公用广域网(如中国邮电网)和专线;航空专用网包括航空固定电信网(Aeronautical Fixed Telecommunication Network,AFTN)和民用航空地面数据通信网(Common ICAO Data Interchange Network,CIDIN);本地网包括以太网、高速光纤网等。中国民航移动网络包括卫星通信网、甚高频地空数据链通信网络以及 S 模式二次雷达数据链网络。ATN 的主要目的就是将这些具有不同特点的网络,包括空地网络和地地网络连接起来组成一个统一的互联网络,并在这个互联网络上提供统一的应用和服务。

1. ATN 的功能与组成

ATN 的主要功能是进行数据通信服务,将空中飞行的飞机同地面的管制部门、航空公司连接在一起,为其提供实时有效的数据通信服务。

(1) ATN 的功能与特点

ATN 融地面数据通信和地空数据通信为一体,能够实现飞机通过卫星、甚高频和 S 模式二次雷达的地空数据链路与地面空中交通管制中心和航空公司航务管理中心的计算机通信,能够在地面各空中交通管理计算机之间以及地面各空中交通管理计算机系统与航空公司、民航当局、航空通信公司计算机系统之间进行高速的数据交换。

ATN 子网间的逻辑架构如图 2-22 所示,整个 ATN 是由机上电子设备子网络、地面子网络和地空子网络三种形式的数据通信子网络相互连接组成的互联网络。

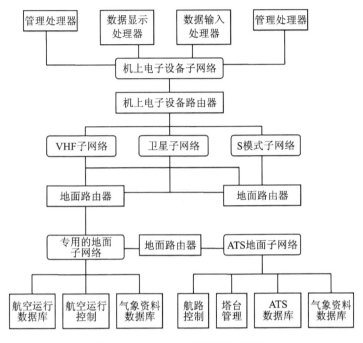

图 2-22 ATN 的逻辑架构示意图

飞机内部通信子网络将飞机上的各种应用处理器连接而构成机上电子设备子网络,应用处理器包括显示处理器、数据输入处理器和飞行管理计算机(Flight Management Computer,FMC)等,它们与飞机数据通信处理器相连接。

地面子网络提供各种地面数据处理设备中各个处理器所需的连接,通常对本地的各处理器采用局域网形式。地面子网络还具有机上应用处理器与地面数据通信处理器相互连接的能力。

地空子网络提供地面子网络的终端用户与机上电子设备子网络终端用户之间的互联,负责执行地面子网络和机上子网络之间的信息交换功能。地空子网络又包括三种类型的子网络,即 S 模式二次雷达数据子网络、甚高频数据子网络及卫星数据子网络。实际上,那些相互连接的子网络,从物理上、逻辑上和行政管理上都是独立的,它们的互联一体化是通过在各个互联点设置的路由器进行的。"网间路由器"在网络中是指一个通信单元,该单元可以处理和承转多种形式的数据子网络的数据包,使它们沿着规定的路线到达目的主计算机。

面对复杂的用户群和航空通信的特殊需求,ATN 在设计上也有许多特殊的要求和特点:

① 是专门为航空业提供数据通信服务的专用网络,使用者包括 ATS 的用户和航空公司的用户;

② 既提供地面与机载设备的通信服务,又提供地面设备之间的通信服务,对用户来说,路

由选择和其他一些网络层功能是透明的;

③ 提供应用服务的安全和保密通信;

④ 支持不同应用类型的服务和报文,采用不同的传输层和优先级以及相同的网络层;

⑤ 充分利用现有的网络,实现已有资源的充分利用;

⑥ 将各种航空、商业和共用数据网络融为一体,形成全球一体化的航空通信网络;

⑦ ATN 的绝大部分应用采用面向连接的传输层作为传输层协议,数据在传输前要建立连接,完成传输后要拆除,在传输过程中还要进行确认。

(2) ATN 的系统结构

从系统结构来看,ATN 是由终端系统(End System,ES)、中间系统(Intermediate System,IS)和子网三部分组成,如图 2-23 所示。终端系统包括航空公司和空管单位的应用终端以及飞机上的机载终端,也称端系统。终端系统以 ATN 互联网络为基础,为用户提供各种 ATC 服务。中间系统主要为 ATN 路由器,是连接 ATN 各个部分的节点,完成路由、转发和子网接入等功能,是 ATN 传输网络的核心。根据 ICAO 的要求,ATN 应该在现有网络的基础上实现,也就是说,ATN 要通过 ATN 路由器将 AFTN、AMSS 数据链网络、甚高频地空数据链网络等异构网络连接在一起。ATN 路由器要完成不同网络内的数据同 ATN 数据之间的格式和地址相互转换,将不同的网络数据打包到 ATN 数据包内,并为这些数据添加统一的 20 字节的 ATN 地址,在 ATN 网上进行转发和路由。ATN 子网包括固定子网和移动子网两类。固定子网可以是面向连接的网络,如 X.25 或帧中继,也可以是面向非连接的网络。移动子网有四种:甚高频移动子网、卫星移动子网、S 模式二次雷达子网和高频移动子网。虽然每种网络都有自己的特性,但是各种移动子网和固定子网之间可以通过统一的接口实现无缝互联。

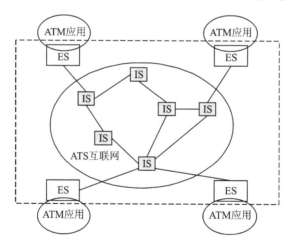

图 2-23 ATN 的组成

图 2-23 中的终端系统类似于 TCP/IP 协议中的主机,中间系统类似于 TCP/IP 网络的路由器。上述体系结构和 TCP/IP 协议栈唯一的区别是,增加了高层通信服务,即表示层和会话层。中间系统只完成路由寻址和按逻辑地址转发的工作,因此只有下三层;终端系统需要处理应用,有完整的 7 层。

1) 子网络

子网络是基于特殊通信技术的独立的通信网,用于 ATN 系统间的信息传输。不同的地地子网和空地子网在终端系统之间提供多重数据通信路径。

子网络按照工作属性可以分为移动数据网和固定数据网。其中,移动数据网指的是空地数据子网,固定数据网指的是地地数据子网和航空电子设备子网。子网络按工作范围可以分为局域网和广域网,局域网在局部范围内连接 ES、IS(在 ATC 中心内,或在航空器上),广域网是在不同的域中 IS 的长距离连接。

地空数据子网包括 4 种不同的数据链系统,即 VHF、AMSS、二次监视雷达(Secondary Surveillance Radar,SSR)、HF 数据链各自组成的子网。ATN 空地子网是一个协调的系统,在 ATN 上建立了一个基本的架构,如果这些不同的数据链融入 ATN,那么将在最大程度上发挥空中交通管理的优势。地地数据子网允许在 ATN 中心内部和 ATS 中心之间终端的通信,可以用做 ATN 子网的现行网络有局域网和广域网。局域网类型又包括以太网、令牌环网、光纤分布式数据接口;广域网类型包括 X.25、帧中继、异步传输模式、综合业务数字网。另外,ICAO 专用的 CIDIN 也可以作为 ATN 的子网。机载电子设备通信子网同地面网络类似,许多现行的通信网络也可以用于机载设备。

2) 终端系统

ATN 终端系统可以与其他 ATN 终端系统通信,以便实现 ATN 应用中所需的端到端通信服务。为了实现这个目的,ATN 的终端系统包括了完整的 7 层协议栈,从而可以有适合的通信服务支持一种或多种 ATN 应用。ATN 终端系统也是自动控制系统和人机的接口。

3) 中间系统

ATN 的中间系统也叫路由器,由 OSI 参考模型的底部三层组成,根据不同的路由器类型,应用不同的路由协议。路由器的作用就是通过适当的途径,将用户数据向它的目的地址传输,根据特殊服务的要求在数据包封装头部。飞机是移动的载体,因此,通过网络到达飞机的路径是变化的,所以要求 ATN 支持动态路由处理。另外,ATN 路由器会与邻近的路由器交换路由信息,即可用路由器的特征以及通过此路径可否达到目的地址等信息。

与标准的 OSI 路由器相比,ATN 域内路由器主要有以下几个特点:

① 使用特殊的路由协议以支持移动通信(如高效的空地路由);

② 支持 ATN 所要求的安全功能;

③ 使用带宽有限的空地数据链时,用压缩(压缩数据长度)空地路由器的方法提高效率;

④ 飞机进入或离开各自的地面路由域是一个动态过程,所以 ATN 的路由提供了路由初始化和终止过程的功能。

2. ATN/OSI 协议栈

ATN/OSI 采用 OSI 网络体系结构,与公用互联网的 TCP/IP 属于不同的协议栈,因此无法实现直接互联。ATN 层的概念清楚,层间接口和相应的服务原语标准且开放,例如服务使用者和提供者之间都遵循相应的明确的请求、指示、应答和确认。这样的特点决定了开发和实现的开放性,以及功能的全面和强大。

ATN/OSI 的体系结构分为 7 层,各层分别指定特定的网络功能。按照解封装的顺序依次为物理层、数据链路层、网络层、传输层、会话层、表示层和应用层。协议分层的优点在于将功能按层次细分并综合实现,同时实现接口开放,利于互联和开发新的高层协议。实际网络中的所有协议都采用了 OSI 7 层参考模型,即

① 参考模型将从物理层开始向上编为 1,2,…,N 层,用(N)表示 N 层;

② (N)向(N+1)提供服务,称为(N)连接,提供服务的位置称为服务访问点;
③ (N)服务由服务原语和相应的参数规定,包括请求、指示、应答和确认四种形式。

ATN 相对于原有航空网络的特点和优点也体现在各层的划分和结构上。例如其端系统的七层体制可以方便地增加相应的用户(应用层),从而充分利用原有的互联部分。

3. ATN/IPS 协议栈

ATN/IPS 协议栈是基于因特网体系结构(TCP/IP)的航空电信网协议栈。TCP/IP 的最大优点是实现简单,使用费用低。正因为 TCP/IP 最初是作为研究机构以原码的形式免费发布的,因此它能被广泛接受并使用至今。

① 概念之间没有明显的区分和描述。在 TCP/IP 参考模型中并没有对协议、接口、服务这些概念进行区别和描述,也就是说 TCP/IP 参考模型没有将协议与实现分离开来,因此不能使用 TCP/IP 参考模型去设计新的网络和网络技术。

② TCP/IP 参考模型只能用于描述 TCP/IP 协议本身,而不适于描述其他协议栈,这与其抽象层次不清有关。

③ 网络接口层实际上并不是一个真正意义上的层次,而只是一个网络层和数据链路层的接口,在概念上不区分接口与层次使得 TCP/IP 模型的通用性很差,从网络体系结构和网络模型的角度来看,它不够完善。

④ TCP/IP 定义了网络接口层,而该层实际只是一个网络层和数据链路层的接口,所以在 TCP/IP 中没有区分物理层和数据链路层。而在实际网络中,无论是广域网协议还是局域网协议,这两层都有明显的功能差别,需要划分层次以示区分,便于实现。

ATN/IPS 作为未来的数据链网络协议,主要由 ARINC 658、ARINC 623 等标准定义了其具体的报文格式、实际应用以及支持性能。ARINC 658 标准文件描述了 ATN/IPS(空对地和端对端)标准化的路线图以及相关标准的制定组织(如 ICAO、欧洲民航电子组织(European Organization for Civil Aviation Electronics,EUROCAE)、航空无线电技术委员会(Radio Technical Commission for Aeronautics,RTCA)和 ARINC)对各要素进行标准化的时间表,具体包括对 ATN/IPS 的性能和信息安全的要求、ATN/IPS 总体标准化需求的认定、对 ATN/IPS 的航电结构的影响以及对 ATN/IPS 功能范围的详细说明。

在此基础上,ATN/IPS 规范主要从继承 ATN/OSI 规范的角度出发,将网络层替换为 IPv6 协议栈,并依赖 IPv6 相关研究中的主机移动性和网络移动性解决方案完成航空电信网的移动性管理。

ATN/IPS 组网结构与 ATN/OSI 的组网结构一致(见图 2-24),只是将 ATN 的中间系统(IS)由 ATN 路由器更换为 IPv6 路由器,而终端系统(ES)则更新成为支持 IPv6 的机载终端和应用终端。由于该方案只是从传输层面对网络结构进行了改进,因此并没有对航空电信网的基本结构和功能产生影响,基于 ATN/IPS 的航空电信网仍然完成的是端到端的数据传送。

4. ATN 的应用

ATN 的应用进程(AP)主要分为三大类,即系统应用、空地应用和地地应用。其中,系统应用包括内容管理(Content Management,CM)和目录服务(Directory Service,DS);ADS-C、CPDLC 和飞行情报服务(Flight Information Services,FIS);地地应用包括航空报文处理系统(Aeronautical Message Handling System,AMHS)、管制中心通信(Inter-Center Communi-

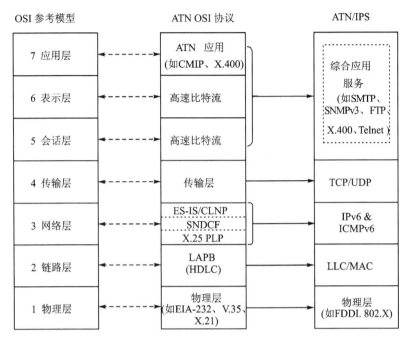

图 2-24　ATN/IPS 技术体系的演进

cation,ICC)。图 2-25 所示为 ATN 的各类服务应用的综合示意图,可以看出各种应用自成体系,相互独立。

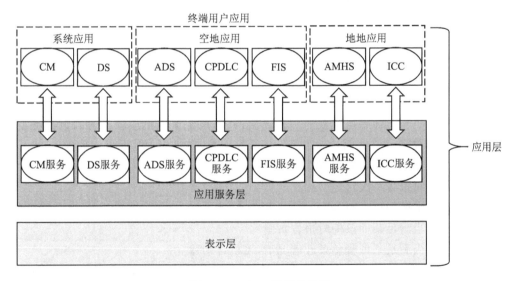

图 2-25　ATN 的服务应用

下面分别对各种应用进行介绍。

(1) 内容管理(CM)

内容管理的实质就是在地空数据链中提供其他应用的地址,即地空通信不但要求有空地端系统的网络层地址,还要指示相应的应用。内容管理共有 7 个功能:

① 登录(LOGON),允许飞机发起 LOGON 请求,请求中包括其支持的其他应用、名字、

地址等,地面给出其支持的应用并给出其名字、地址。

② 服务设备查询(SERVER FACILITY QUERY),允许飞机发出请求,请求中包括它查询的各种应用的名字和地址,以及指定的 8 个 SERVER FACILITY,即由地面设备返回支持与否。

③ 服务设备更新(SERVER FACITILY UPDATE),在飞机进行 SERVER FACILITY QUERY 时由地面设备向飞机发送。

④ 更新(UPDATE),允许地面设备向飞机发送支持的应用信息。

⑤ 联系(CONTACT),允许地面设备要求飞机向指定的地面站进行 LOGON。

⑥ 转发(FORWARDING),允许和飞机完成了 LOGON 的地面站将 LOGON 转发。

⑦ 注册(REGISTRATION),允许飞机在地面站预先登记其他应用,以使其在内容管理应用中有效。

(2) 目录服务(DS)

目录服务的实质就是通过网络查询所需名字和内容。目录服务由目录用户代理(Directory User Agent,DUA)和目录服务代理(Directory System Agent,DSA)组成,如图 2-26 所示,用户通过 DUA,采用目录接入协议(Directory Access Protocol,DAP)连接 DSA。DSA 中有相关的可供查询的内容,如某地面站的报文地址。如果 DSA 中没有相应的内容,它可以转交请求,采用目录服务协议连接其他 DSA 进行查询。目录服务由 X.500 定义,模型类似于 X.400 的报文服务。

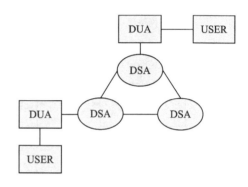

图 2-26 目录服务功能模型

(3) 合同式自动相关监视(ADS-C)

ADS 作为一种监视手段,其实质就是将飞机的实时位置显示于地面控制中心。飞机通过 ADS 将其机载导航和定位设备得到的数据通过数据链自动下发给地面系统。下发的数据包括飞机的标示、四维位置信息和附加数据。

ADS-C 是飞机与地面系统建立的一种通信协议,规定了飞机应该报告的数据类型以及触发报告机制的具体条件。地面站向飞机发送合同请求,飞机根据情况报告数据。

ADS-C 的合同种类主要有以下几种:

① 请求合同(只报告一次);

② 周期合同(定期的报告);

③ 事件合同(当满足某种条件时报告);

④ 紧急合同(当满足某种紧急条件情况下,飞机自动建立)。

ADS 报告的数据分为五种类型:

① 基本数据:位置(经纬度、高度)、时间;

② 预计航路:下一点预计到达时间和下一点;

③ 即时和固定计划意向:方向、高度、距离和时间;

④ 地面参数和空中参数:空速、地速等;

⑤ 航班号。

（4）管制员-驾驶员数据链通信（CPDLC）

CPDLC 采用数据链路的方式，替代原有的话音通信，从而进行空中交通管理通信。CPDLC 的功能包括与当前管制单位交换报文，在当前管制单位与下一管制单位之间传输数据以及下行的放行许可，即允许飞机同非当前管制单位的 ATS 单位建立联系。

（5）飞行情报服务（FIS）

FIS 的实质是飞行员可采用的请求方式以及请求其需要的内容。FIS 具体有两种方式，即 FIS 需求合同和 FIS 更新合同。这两者的主要区别在于后者可以在信息改变的情况下，采用 UPDATE 的方式向飞机提供实时信息。

通过飞行情报服务应用，飞行员可以向地面 FIS 系统请求并获得各种 FIS 服务。这些服务包括：ATIS、机场气象报（Meteorological Routine Weather Report，METAR）、NOTAM、跑道视距（Runway Visual Range，RVR）、终端区天气预报（Terminal Area Forecast，TAF）。使用飞行情报服务，可以减少管制人员的工作量，将内容直接打印到飞行员的打印机上，更快地更新 FIS 信息，使得在整个飞行过程中都可以得到信息。

（6）ATS 报文处理服务（ATSMHS）

ATS 报文处理系统可以在多个管制中心间传递空管报文，代替了原先存在的 AFTN 报文传输系统，已经成为国际通用的邮件协议标准，其主要的标准是 ISO/IEC 10021 和 ITU-TX.400，其端系统包括用户代理、报文传输代理、报文存储、访问单元，访问单元包括 CIDIN/AMHS 网关和 AFTN/ATN 网关。其中，AFTN/AMHS 网关按协议栈分成两类：A 类网关是为透明传输（PASSTHROUGH）服务的网关，即 AFTN 的报文在此处打包和解包，两端的 AFTN 报文通过中间的 ATN 网络设备传递；另一类是实现 ATS 基本服务的 AFTN/AMHS 网关，即实现 AFTN 报文和 AMHS 报文的互通。AFTN 报文由头部、正文和结尾构成，其具体形式参见 ICAO 附件 10 卷 II。

AMHS 信息有三种类型：报文（MESSAGE）、报告（REPORT）和探测（PROBE）。部分报文需要报告，如优先等级为"SS"的报文在投递成功后，要求返回一个指示，即 REPORT。PROBE 用于探测网络资源，一般返回 REPORT。AMHS 信息由信封（ENVELOPE）和信体（BODY）组成，PROBE 可以没有 BODY。报文和报告的信体部分再分为头部（HEADING）和 BODY 部分。

（7）管制中心通信（ICC）

管制中心通信是在两个管制中心之间进行管制移交时的通信，保证移交的准确无误和有序。

思考题

1. 简述航空通信的特点。
2. 民用航空数据通信根据业务类型可分为几类？
3. 航空数据链通信系统包括哪几类？分别进行详细分析。
4. 简述 VHF 数据链的分层结构。
5. L-DACS 和 AeroMACS 中采用的关键物理层技术是什么？
6. 窄带和宽带卫星数据链系统的主要技术区别是什么？
7. 简述 ATN 系统的组成、功能和特点。
8. ATN 应用进程分为几大类？试分析其在空地应用方面的实现过程。

第 3 章 空管导航系统

空管导航系统引导航空器安全、准确地沿着既定航线及时到达目的地,主要任务包括定位和飞行引导。现有空管导航系统主要包括陆基无线电导航系统和全球卫星导航系统。全球卫星导航系统具备全球、全天候、高精度导航能力,是新航行系统的重要基础,由卫星导航星座、卫星导航增强系统和机载接收机组成,满足不同飞行阶段的导航精度、完好性、连续性和可用性要求。空管导航系统的应用包括航路导航、终端区导航、进近着陆等,并为 ADS 提供定位信息。国际民航组织提出了基于性能的导航(Performance Based Navigation,PBN)的概念,满足用户灵活使用各种导航手段以支持不同运行方式的需要。

卫星导航技术是新航行系统导航的基础。本章阐述卫星定位的基本原理,详细说明卫星位置计算、卫星到接收机间伪距测量和定位解算方法。为满足空管运行需求,必须使用卫星导航增强技术,故本章详细讲述空基增强系统(Aircraft Based Augmentation System,ABAS)、星基增强系统(Satellite Based Augmentation Systems,SBAS)和地基增强系统(Ground Based Augmentation System,GBAS)的基本原理。

知识点
- 空管导航的定义和分类
- 全球卫星导航系统的定义
- 基于性能的导航
- 卫星定位原理
- 卫星导航增强系统基本原理

3.1 概　　述

空管导航的主要任务是航空器的定位(定向、定速、定姿、定时)和飞行引导(航路飞行引导、进近着陆引导、机场场面引导等),其中定位是基本功能,是飞行引导和其他任务的基础。此外,空管导航的功能还包括为空域提供基准,确定空域、航线的关键位置点等。能够完成空管导航任务的装置组合称为空管导航系统。任何导航系统中都包括装在运载体上的导航设备。不管在何种环境、气象条件下,驾驶员或自动驾驶仪根据导航设备的仪表指示或输出的信号,便能在任何陌生的环境中操纵航空器向正确的目的地前进。

空管导航系统是引导航空器安全飞行的重要手段。现有空管导航系统主要包括陆基无线电导航系统和全球卫星导航系统。全球卫星导航系统具备全球、全天候、高精度导航能力,是新航行系统的重要基础之一。全球卫星导航系统可满足全部飞行阶段的空管导航应用需求,支持所有飞行阶段的基于性能导航应用,可提高航空器引导精度,改善全天候运行能力,保障地形复杂机场的运行安全,同时可实现灵活而优化的飞行航径,减少飞行时间和燃油消耗,提高繁忙机场的运行效率。此外,全球卫星导航系统为 ADS 提供精确的位置源,可提高地空监视和管制指挥能力。全球卫星导航系统还为飞行校验系统提供实时精准位置,可提高空管通信、导航和监视设备飞行校验的准确性。

3.1.1 陆基无线电导航系统

陆基无线电导航系统一般由运载体上的导航设备和地面上的导航台(站)组成,通过测量导航设备和导航台站之间电波的幅、频、相等电参量获得导航信息。陆基无线电导航系统的主要特点有:受外界条件限制较小;导航参数的测量精度高;测量速度快;系统体积小、重量轻、可靠性高;系统价廉经济,易于推广和使用;可以在近、中、远距离上方便地完成导航任务。

(1) NDB

NDB(Nondirectional Beacon)为无方向信标,其地面导航台包括中波发射机、发射天线及辅助设备,不间断地向空间全方位发射无线信号。机载设备称为自动定向机,一般由自动定向接收机、控制盒、指示仪表、环形天线和垂直天线或组合式环形/垂直天线等组成,通过接收、处理地面导航台的电波信号,获取飞机到地面导航台的相对方位。

NDB 导航系统的主要功能是,使装在飞机上的定向机为飞机提供指向地面导航台的方位,以引导飞机沿预定航线,从一个信标台飞向另一个信标台,或引导飞机完成进场着陆和离场飞行。该系统的缺点是准确性差,易受天气影响,但由于其价格低廉、操控简单,目前世界上许多中小机场还在使用。

(2) MB

MB(Marker Beacon)为指点信标,其地面台安装在特定位置,向上空发射扇形或锥形波束的无线电信号,机载设备接收信号并发出语音和视觉的指示信息,从而完成飞机的位置识别。

MB 包括外指点标、中指点标和内指点标。MB 通常与仪表着陆系统联合使用,为飞行员提供飞机距跑道着陆端的特定距离信息。当着陆飞机飞过不同 MB 上空时,机载指示设备会发出不同的声音和灯光指示信号。

(3) VOR

VOR(Very high frequency Ommi-directional Range)为甚高频全向信标,其地面台发射信号,机载设备只接收信号,为飞机提供相对于地面台的磁北方位角。

地面台向空中全向发射两个射频信号,一个称为基准相位信号,其相位不随方位角而变化,另一个称为可变相位信号,像灯塔的旋转探照灯一样向 360°的每一个角度发射,向各个角度发射的信号的相位都是不同的,天线旋转时所处的方位与射频信号发射的调频相位严格一致,两个信号之间的相位差正好等于飞机的方位角。机载设备在接收到地面台的信号之后,只要测量基准相位信号和可变相位信号之间的相位差,便能测出飞机的方位角。

VOR 目前仍然是本土航路飞行的主要导航系统,可以为飞机提供方位信息,实现飞机的归航和出航;利用两个已知位置的 VOR 可实现定位;航路上的 VOR 可以作为航路检查点,实行交通管制;利用放置在跑道轴线延长线上的终端 VOR,进行进近和着陆;VOR 与测距设备或战术空中导航系统(Tactical Air Navigation System,TACAN)相结合,组成 VOR/DME 或 VOR/TACAN 极坐标系统,直接为飞机定位。

(4) DME

DME(Distance Measuring Equipment)为距离测量设备,也称为测距器,为飞机提供相对于地面台的斜距,给飞机指示出在空中的水平位置。

DME 由机载设备发出无线电脉冲询问信号,地面台收到询问信号后,经固定延时后,发出应答脉冲信号,机载设备借助发出询问和收到应答脉冲间的时间间隔,再乘以电波传播速度,就可测量出距地面台的距离,从而给飞机指示出在空中的水平位置。

DME 和 VOR 的地面台设置在一起构成 VOR/DME。VOR/DME 是目前主要的民用航空航路导航系统,同时可指出飞机在空间的方位和距离。VOR/DME 在导航中的应用还包括:进行角-角定位和极坐标定位,实现区域导航(Area Navigation,RNAV),避开保护空域和飞行等待,提供航路间隔,为进近着陆飞机提供服务等。

(5) ILS

ILS(Instrument Landing System)为仪表着陆系统。其地面设备由航向台、下滑台和指点信标三部分组成。航向台可以为飞机提供对准跑道中线着陆的引导信息;下滑台为飞机提供沿着一定下滑角度下降的下滑道信息;指点信标用于定位,为着陆飞机提供到达跑道入口的距离信息。

航向台(下滑台)向空中发射的载波加边带信号和纯边带信号均为调幅信号。调幅波的频率为 90 Hz 和 150 Hz。航向台发射的载波加边带信号在跑道中心线方向上最强,两边逐渐减弱;而纯边带信号在跑道中心线上为 0,在偏离中心线的两边逐渐增强。机载设备接收航向台和下滑台对 90 Hz 和 150 Hz 调制信号,对这些信号的调制度差值进行测量,来检测正确的进近航道和下滑道。

ILS 工作原理简单,造价低,维护方便,能在气象条件恶劣和能见度差的条件下通过机载设备接收各信标台信息,确定相对位置和高度,使飞机沿着正确的方向飞向跑道并平稳下降,向飞行员提供引导信息,保证飞机安全进近和着陆,因此从 1949 年开始,被国际民航组织作为飞机进近着陆引导的标准设备,是目前被广泛应用的精密引导系统。

(6) MLS

微波着陆系统(Microwave Landing System,MLS)是一种全天候精密进近着陆系统,主要由地面设备、机载设备和精密测距设备组成,通过地面设备发射的扫描波束和机载设备发射的询问脉冲分别进行测角和测距。

MLS 测角原理基于时基扫描波束技术。地面角度制导天线发射扇形扫描方位波束和仰角波束,扇形扫描方位波束和仰角波束分别用于测量飞机相对于跑道中线的方位角和跑道平面的仰角。MLS 通过飞机发射询问脉冲与接收回答脉冲的时间延迟来测距。

MLS 可以提供固定的进近着陆下滑道,还可以根据实际地形实现折线或曲线进近,特别适用于地理环境较差的机场。这样不仅节约时间、燃料,提高运营效率,也减少了噪声危害。飞行员可以根据 MLS 手动操纵飞机,或通过自动驾驶仪使飞机沿预置的航道进近着陆。

(7) LORAN

罗兰(LORAN)是一种远程的双曲线无线电导航系统。LORAN-C 系统是在 LORAN-A 系统的基础上,经过多次技术迭代更新形成的,准确性和易用性大大增加。其地面设施包括发射台、工作区监测站和台链控制中心。发射台提供无线电导航信号,工作区监测站和台链控制中心用于监测和控制信号。机载接收设备用于接收来自发射台的导航信号。

接收设备在工作区内某点接收同一 LORAN-C 台链两个发射台的信号,得到信号到达的时间差并将其转换为距离差。具有相同距离差的点的轨迹是以发射台为焦点的一条双曲线,通过两条相交的双曲线的交点即可实现定位。

LORAN-C 系统可为飞机提供足够精度的导航信息。其接收机可以显示到目的地或前方航路点的距离和航向、电子航图等；还可用于 ADS，直接掌握飞机的飞行动态；其他应用还包括监视避撞、航空交通管制、授时等。

3.1.2 全球卫星导航系统

GNSS 由导航卫星发射无线电信号，使地表和近地空间的用户可以测定空间坐标和时间信息，具有全球、全天候、高精度、实时定位和授时能力。ICAO 提出的 GNSS 概念包括导航星座、增强技术和机载接收机等主要元素，并定义了各飞行阶段的 GNSS 性能需求。

1. GNSS 的定义

ICAO 对 GNSS 的定义为：一个全球定位和授时系统，包括一个或多个卫星星座、机载接收机和系统完好性监视，以及为支持预定的运行所需的导航性能所必要的增强手段。

(1) GNSS 的组成元素

1) 卫星导航星座

卫星导航星座包括向用户广播卫星导航信号的卫星，以及为了维持卫星稳定运行、修正导航电文参数、保证用户定位和授时性能所需的必要的地面运控系统。全球定位系统(Global Positioning System，GPS)是第 1 个被 ICAO 标准采纳的星座，全球导航卫星系统(Global Navigation Satellite System，GLONASS)紧随其后。伽利略(Galileo)卫星导航系统和北斗卫星导航系统(Beidou Navigation Satellite System，BDS)的 ICAO 标准已经获得 ICAO 批准。

2) 卫星导航增强系统

卫星导航星座所能提供给用户的定位和授时服务性能缺乏可靠性保障，必须在一定增强手段的辅助下，才能满足民用航空的应用需求。ICAO 根据增强信息的来源，将卫星导航增强系统分为 ABAS、SBAS 和 GBAS。

3) 机载接收机

机载接收机的功能为接收卫星导航星座和卫星导航增强系统的信号，向航空器提供定位和授时信息。

GNSS 向用户提供的位置信息应表示为世界测地系统-1984(WGS-84)测地参考数据，向用户提供的时间数据应表示为以世界协调时(Universal Time Coordinated，UTC)为参考的时间。如果 GNSS 元素使用了 WGS-84 之外的坐标或 UTC 以外的参考时间，则须提供适当的转换参数。

(2) GNSS 性能要求

在不同的飞行阶段，使用 GNSS 作为导航手段时应满足的性能需求如表 3-1 所列。

表 3-1 GNSS 性能需求

飞行阶段	精度(95%)		完好性	告警时间	连续性	可用性
	水平	垂直				
航路	3.7 km (2.0 NM)	不适用	$(1-1\times10^{-7})$/h	5 min	$(1-1\times10^{-4})$/h ~ $(1-1\times10^{-8})$/h	0.99 ~ 0.999 99
航路,终端	0.74 km (0.4 NM)	不适用	$(1-1\times10^{-7})$/h	15 s	$(1-1\times10^{-4})$/h ~ $(1-1\times10^{-8})$/h	0.99 ~ 0.999 99

续表 3-1

飞行阶段	精度(95%)		完好性	告警时间	连续性	可用性
	水平	垂直				
初始进近 中间进近 非精密进近(NPA) 离场	220 m (720 ft①)	不适用	$(1-1\times10^{-7})$/h	10 s	$(1-1\times10^{-4})$/h $\sim$ $(1-1\times10^{-8})$/h	0.99 $\sim$ 0.999 99
垂直引导进近 (APV-Ⅰ)	16 m (52 ft)	20 m (66 ft)	$(1-2\times10^{-7})$/进近	10 s	$(1-8\times10^{-6})$/15 s	0.99 $\sim$ 0.999 99
垂直引导进近 (APV-Ⅱ)	16 m (52 ft)	8 m (26 ft)	$(1-2\times10^{-7})$/进近	6 s	$(1-8\times10^{-6})$/15 s	0.99 $\sim$ 0.999 99
Ⅰ类精密进近	16 m (52 ft)	6~4 m (20~13 ft)	$(1-2\times10^{-7})$/进近	6 s	$(1-8\times10^{-6})$/15 s	0.99 $\sim$ 0.999 99

1) 精　度

GNSS 的精度定义为估计位置和真实位置之间的差异。任意时刻 GNSS 的定位误差在其精度指标范围内的概率应不小于 95%。GNSS 的精度指标包括水平定位精度和垂直定位精度。

2) 完好性

GNSS 的完好性定义为系统所提供信息的正确性的可信程度。在实际运行中,完好性指 GNSS 的性能无法满足当前所在飞行阶段的性能要求时,向用户提供及时和有效告警的能力。

表 3-1 中的告警时间定义了从系统性能无法满足需求的时刻到用户收到告警的时刻的最长间隔。完好性定义了系统能够在规定的告警时间内发出告警的概率。由于多种因素的影响,完好性无法达到 100%,其与 100% 之差称为完好性风险。

对不同飞行阶段定义的所允许的最大定位误差称为告警限。告警限是满足飞行安全条件下所能允许的最大定位误差。不同飞行条件下的告警限如表 3-2 所列。

表 3-2　告警限

典型运行	水平告警限	垂直告警限
远洋航路	7.4 km(4 NM)	无
本土航路	3.7 km(2 NM)	无
终端区	1.85 km(1 NM)	无
NPA	556 m(0.3 NM)	无
APV-Ⅰ	40 m(130 ft)	50 m(164 ft)
APV-Ⅱ	40 m(130 ft)	20 m(66 ft)
Ⅰ类精密进近	40 m(130 ft)	35~10 m(115~33 ft)

---

① 1 ft=0.304 8 m。

以Ⅰ类精密进近为例,在完好性方面要求定位误差在水平方向超过水平告警限(40 m)或在垂直方向超过垂直告警限(10 m),而系统未在规定的告警时间(6 s)内发出告警的概率应小于完好性风险(2×10^{-7}/进近)。

3) 连续性

服务的连续性指在预计的运行过程中,系统在没有预期外中断的情况下执行其功能的能力。在实际运行中,如果机载 GNSS 接收机无法继续进行定位或者发出了完好性告警,都将会导致服务中断。此时,飞行员应切换到其他导航手段(如从 GNSS 切换到陆基无线电导航系统),或者终止当前的运行(如在进近过程中则停止下降,开始复飞)。

4) 可用性

可用性是以系统用于导航的时间比例描述的,在导航期间系统需要向机组人员、自动驾驶仪或其他管理飞机飞行的系统提供可靠的导航信息。可用性要求是一个范围,在实际应用中的具体可用性要求取决于运行地区的交通密度和复杂性、可用的导航手段、空管监视系统性能、管制规则和飞行程序等因素。如当空中交通密度和运行复杂性较低时,对 GNSS 的可用性要求则相应降低。

2. GNSS 的发展

(1) GPS

为满足海、陆、空三军和民用部门越来越高的导航需求,20 世纪 60 年代末美国着手研制新的卫星导航系统,1973 年正式开始研制 GPS 系统,1993 年 12 月 GPS 系统建成,历时 20 年,成为继阿波罗登月、航天飞机之后的第三项庞大空间计划。

GPS 具有全球、全天候、连续覆盖、多功能、高精度、实时定位速度快、抗干扰性能好、保密性强等特点,能满足各类用户的导航定位需求,可逐步取代传统的无线电导航设备。对飞机而言,GPS 可以在飞机进场、着陆、航路导航、飞机会合和空中加油、武器准确投掷、空中交通管制等方面提供服务。

(2) GLONASS

GLONASS 系统是苏联从 20 世纪 70 年代中期开始研制、目前为俄罗斯继续发展的卫星导航系统。1982 年第一颗 GLONASS 卫星发射升空。1993 年俄罗斯宣布 GLONASS 开始运行。1995 年 GLONASS 达到了 24 颗工作卫星+1 颗备用卫星的布局。1996 年俄罗斯宣布 GLONASS 达到了 FOC。但由于经济衰退,此后数年内,俄罗斯一直未能发射新的卫星,在轨卫星逐渐达到寿命而终止运行,在 2001 年达到了最低的 6 颗。此后俄罗斯研制并发射了 GLONASS-M 和 GLONASS-K 两种新的卫星。2011 年,GLONASS 重新达到 FOC,并一直保持到现在。

(3) BDS

北斗卫星导航系统是我国着眼于国家安全和经济社会发展需要,自主建设运行的全球卫星导航系统,是为用户提供全天候、全天时、高精度定位、导航和授时服务的国家重要时空基础设施。

从 20 世纪 80 年代开始,我国就开始探索适合国情的卫星导航系统发展道路:2000 年,建成了北斗一号系统,采用有源定位体制,为我国用户提供定位、授时、广域差分和短报文通信服务;2012 年,建成了北斗二号系统,在兼容北斗一号系统技术体制基础上,增加无源定位体制,向亚太地区用户提供定位、测速、授时和短报文通信服务;2020 年,建成了北斗三号系统,继承有源服务和无源服务两种技术体制,为全球用户提供定位导航授时、全球短报文通信和国际搜救服务,同时可为中国及周边地区用户提供星基增强、地基增强、精密单点定位和区域短报文通信等服务。

北斗系统具有以下特点:一是空间段采用三种轨道卫星组成的混合星座,与其他卫星导航系统相比高轨卫星更多,抗遮挡能力强,尤其在低纬度地区性能优势更为明显。二是提供多个频点的导航信号,能够通过多频信号组合使用等方式提高服务精度。三是创新融合了导航与通信功能,具备定位导航授时、星基增强、地基增强、精密单点定位、短报文通信和国际搜救等多种服务能力。

(4) Galileo

欧洲为摆脱对美国 GPS 的依赖,打破其垄断,于 1999 年首次公布 Galileo 计划,从安全性和独立性的角度出发,建立独立的可保持服务完好性、连续性、可用性和高精度的 Galileo 系统。Galileo 系统投入运营后可为公路、铁路、空中和海上交通运输提供有保障的导航定位和时间服务,并使欧洲赢得建立欧洲共同安全防务体系的条件。

Galileo 计划于 2002 年 3 月正式启动,其方案是:系统由轨道高度为 23 222 km 的 30 颗卫星组成,其中 27 颗为工作星,3 颗为备份星。2005 年 12 月 27 日,第一颗伽利略卫星 GLOVE-A 发射升空。系统建成时间最初定于 2008 年,但由于技术等问题,延长到了 2011 年。2010 年初,欧盟委员会再次宣布,Galileo 系统推迟到 2014 年投入运营。2014 年至 2021 年间,欧洲共完成了 9 次 Galileo 运行卫星的发射。Galileo 于 2016 年底开始提供初始服务。到 2022 年 8 月,Galileo 共有 28 颗卫星在轨。

(5) 卫星导航增强系统

为增强卫星导航性能,使其满足民航各种运行阶段的应用需求,卫星导航增强技术不断发展。现有的卫星导航增强技术主要包括卫星导航空基增强技术、卫星导航星基增强技术和卫星导航地基增强技术。

空基增强系统是利用机载 GNSS 接收机内部的冗余信息或飞机上的其他辅助信息(如气压高度表、惯导等)来实现 GNSS 卫星故障的检测和排除。星基增强系统通过地面监测站对导航系统的精度和完好性进行实时监测,通过同步通信卫星向用户播发监测结果,以提高其定位精度,并改善其导航完好性。星基增强系统目前能够满足非精密进近的导航需求,对于精度、完好性等性能需求更高的精密进近阶段,则须采用地基增强系统。地基增强系统在位置精确已知的参考站获得测量伪距值,并利用卫星星历和参考站的已知位置求出伪距计算值(真实值),求出两者之差(称为校正值),然后把它发给用户。

3.1.3 PBN 及应用

1. GNSS 在空管中的应用

(1) 航路导航

目前,GPS 的接收机自主完好性监测(Receiver Autonomous Integrity Monitor,RAIM)技术和广域增强系统(Wide Area Augmentation System,WAAS)能满足航路飞行引导对 GPS 的导航精度、完好性、连续性和可用性的要求。

GPS 的精度远优于现有其他航路导航系统,这种精度的提高和连续性服务的改善有助于有效利用空域,实现最佳的空域划分和管理、空中交通流量管理以及飞行路径管理,同时也降低了营运成本,保证了空中交通管制的灵活性。

GPS 具有全球、全天候、无误差积累的特点,是目前中、远程航线上最好的导航系统。按照国际民航组织的部署,GPS 将逐渐替代现有的其他无线电导航系统。GPS 不依赖于地面设备、可与机载计算机等其他设备一起进行航路规划和航路导航,也为军用飞机的导航增加了许多灵活性。

(2) 进近与着陆

进近与着陆包括非精密进近/着陆和 CAT-Ⅰ、Ⅱ、Ⅲ类精密进近/着陆。GPS 及其广域增强系统完全满足非精密进近/着陆对精度、完好性和可用性的要求;局域伪距差分/增强技术能满足 CAT-Ⅰ、Ⅱ类精密进近的要求。目前实验表明,采用载波相位差分技术,精度可达到 CAT-Ⅲ B 类的要求。可以肯定,各种增强和组合系统(如 LAAS、WAAS、GPS/INS 等)将最终取代仪表着陆,而成为进近/着陆的主要手段。

GPS 着陆系统设备简单、不需要复杂的地面支持系统,将适合于任何机场,包括私人机场和山区机场。理论上,GPS 着陆系统可以引导飞机沿任意一条飞行剖面和进近路径着陆,这就增强了各种机场着陆的灵活性和盲降能力。

(3) 航路监视、场面监视和管理

目前的航路监视是一种非相关监视系统,该系统主要利用各种雷达系统,可以和机载导航系统互成备份。但这种监视系统的地面和机载设备复杂、价格高,监视精度随距离而变化,作用距离有限,不可能实现全球覆盖和全球无间隙监视。GPS 和航空移动卫星系统的出现将改变这种传统的监视方法。自动相关监视,即机载 GPS 导航系统通过通信自动报告自己的位置,会为飞行各阶段的监视带来益处,特别是在洋区和内陆边远地区的空域,将有效地减轻飞行员/管制人员的工作负担,同时也增加了 ATM 的灵活性。

场面监视和管理包括终端飞行管理和机场场面监视/管理。场面监视和管理的目的是减少起飞和进场滞留时间,监视和调度机场的飞机、车辆和人员,最大效率地利用终端区空域和机场,以保证飞行安全。GPS、数字地图和数字通信链为开发先进的场面导航、通信和监视系统提供了全新的技术,可以确信基于 GPS/数字地图的场面监视和管理将为机场带来很大效益。

(4) 区域导航

RNAV 允许飞机在陆基和星基导航设备的覆盖范围内或在自主导航设备能力限度内,或两者配合下按任何希望的飞行路径飞行。

区域导航可应用于永久性的固定航路、短期性航路、临时航路和终端区航路,它的特点是可以完全脱离地面导航台的束缚,航线结构由一系列自定义的航路点连线组成,通过定出飞机在地球上的绝对位置编排出便捷的和希望的飞行路径。

采用 GPS 进行定位的区域导航技术克服了传统导航逐台飞行、无线电接收机接收信号、相对法导航、航道宽度宽及飞行间隔大的缺点,采用了逐点飞行、传感器和计算机并重、绝对法导航的工作方式,有效缩短了航道宽度和飞行间隔,提高了飞行效率。

(5) 所需导航性能(Required Navigation Performance,RNP)

所需导航性能是在新航行系统的条件下产生的新概念,由 FANS 在 1992 年向 ICAO 提出,1994 年经 ICAO 批准并颁布了 RNP 手册,它是 RXP 中的重要部分,其中 X 为 C(通信)、N(导航)、S(监视)、ATM(空中交通管理)的一种。

RNP 以 RNAV 和优化航路结构为基础,根据对空域和航路类型划分的判据,提出了对飞机导航性能的要求,目的是改革以往对机载导航设备的管理方式,对航路空域内运行的飞机做出规定,要求其导航性能与相应空域能力相一致,使空域得到有效利用;同时不再限制机载设备最佳的装备和使用,并据此作为确定飞行安全间隔标准的基本参考。

RNP 规定了在一个定义空域中运行所需要的导航性能精度,即在 95% 以上的飞行时间内,飞机偏离所在飞行航线的最大距离误差,该误差是导航传感器误差、机载接收机误差、显示误差和飞行技术误差累积的结果。

采用 GPS 对飞机的飞行进行实时定位,可以结合相应的空域结构和安全间隔标准,对不同的 RNP 类型,提供最低空域容量的空中交通服务,在地面缺少导航台的空域建立航路,使用灵活航路等,可以有效提高空域的利用率和容量,并满足对飞机导航装备的要求。传统的越洋飞行所采用的 100 n mile 间距的规范可以降低到合理的范围,航路飞行、进场飞行以及进近/着陆均可以降低 RNP 的规范,达到较高的目标。对于高度间隔,由于卫星导航对高度识别的精度可以有效提高,高度间隔的最低需求的规范可以降低,如可将巡航飞行的高度间隔从目前的 2 000 ft 降低到 1 000 ft 以下。通过缩小间隔、增加空域的使用能力以应对未来高流量的需求,是导航性能提升带来的必然结果。

(6) 其他应用

在新机型、新机载设备、机载武器系统或地面服务系统的设计、定型、测试和飞行试验中,基于差分全球定位系统(Differential Global Positioning System,DGPS)的飞行状态参数测量系统可作为基准或可比较的辅助设备,该系统将使飞行试验、数据处理和飞行测试变得简单,并且节省开支。

尽管在目前的 DGPS 进近/着陆演示飞行中,大都使用 ILS 作为基准系统来评估 DGPS 着陆系统的能力,但事实上,DGPS 的精度要优于 ILS 系统。在 ILS 没有关闭之前,用 DGPS 校验 ILS 系统是一种价格低、精度完全满足校验 ILS 标准的方法,而目前采用的光测和雷达测量价格高、设备复杂且庞大。

2. PBN

PBN 导航性能规范是对 PBN 导航的精度、完好性、可用性和功能性的定义和指标做出规范的文件,是 PBN 导航实施的主要依据。PBN 导航性能规范随着 PBN 导航概念的不断成熟而不断完善。目前,以 ICAO 发布的 PBN 手册的最新版为标准,该文件从 PBN 导航的概念和实施两方面分别针对 RNAV 导航和 RNP 导航建立了导航性能规范。其中,RNAV 导航性能规范又分为:

① RNAV-10 规范,适用于大洋和偏远大陆地区的 RNAV 导航;

② RNAV-5、RNAV-2 和 RNAV-1 规范,适用于航路和终端区 RNAV 导航。

而 RNP 导航性能规范分为:

① RNP-4 导航性能规范,适用于大洋和偏远大陆地区的 RNP 导航;

② 基本 RNP-2、基本 RNP-1、高级 RNP-1、RNP 进近、RNP 需授权进近导航性能规范,适用于终端区和进近航段的 RNP 导航;

③ 包含附加需求的 RNP 导航规范,适用于特殊飞行导航,例如 3D(3-Dimensional)、4D 导航。

PBN 导航手册明确定义了侧向飞行技术误差垂向飞行技术误差,同时也给出了速度飞行技术误差的概念,但由于目前 PBN 导航尚不能实施 4D 导航,所以未给出速度飞行技术误差的定义。

RTCA 发布的 RNAV 的航空系统性能最低标准,从 RNAV/RNP 导航系统的性能需求、功能性需求和性能评估三方面对 RNAV/RNP 导航的精度、完好性、连续性等指标做出了规范。除了上述国际通用的 PBN 导航规范文件,世界上主要国家和地区性组织根据自身情况,制定了针对本国或本地区的 PBN 导航技术发展和实施纲要,这些纲要是该地区 PBN 导航发展的指导性文件。FAA 于 2006 年发布了第二版 PBN 路线图,将 PBN 的技术发展和实施分为三个阶段,即近期(2006—2010 年)、中期(2011—2015 年)和远期(2016—2025 年)。

中国民用航空局根据我国航空系统技术和运行的发展现状,制定了中国 PBN 导航技术、运行实施纲要。其中规划了我国 PBN 导航技术、运行发展的关键任务:

① 建立与全球标准一致的规章标准体系;
② 航路划设与运行逐步过渡到应用 PBN 导航规范;
③ 在终端区实施 RNAV 和 RNP 进离场程序;
④ 实施 RNP 进近,在有运行需求的终端区实施 RNP 需授权进近,逐步开展使用 GLS 进近;
⑤ 使用 WGS-84 坐标系,保证航空数据的准确性、完整性和及时性;
⑥ 更新通信、导航、监视等设备设施,协同发展其他航行新技术;
⑦ 按照 ICAO 的要求,建立 PBN 质量保证体系,开展安全评估。

我国的 PBN 导航发展与实施纲要对时间节点的要求与 FAA 的纲要基本相同,但在某些具体要求上有所不同。例如,我国的 PBN 导航要求以 GNSS 作为星基导航和 GNSS 着陆系统(GNSS Landing System,GLS)的基础,且根据北斗卫星导航系统的发展情况,逐步倚重我国建立的具有自主知识产权的卫星导航系统。

3.2 卫星定位原理

GNSS 的定位基准就是系统设在空间的导航卫星,其空间位置由星历或轨道参数确定。卫星定位的基本原理是:运载体通过测量导航信号从卫星到运载体的传播时间得到与卫星的距离,通过测量与 4 颗以上卫星的距离以及基于导航电文计算出的卫星实时位置,计算出运载体自身的位置和时间。本节首先阐述卫星定位的基本原理,然后再详细说明卫星位置计算、卫星到接收机间伪距测量和定位解算这三个重要部分。

3.2.1 系统组成和基本原理

卫星导航系统由空间部分、地面控制部分和用户设备 3 个部分组成。

(1) 空间部分

空间部分由向地面发送导航信号的多颗卫星组成。对于 GPS 来说,其标称的空间部分由分布在 6 个轨道面上 24 颗卫星组成。卫星运行在距地表高度为 20 200 km(10 900 NM)、与赤道平面倾斜角为 55°的近圆形轨道上。

GNSS 卫星信号一般至少包括以下三个结构层次:载波、测距码和导航电文。测距码是一种伪随机噪声(Pseudo Random Noise,PRN)码,PRN 码是由码元(二进制数 0、1)有序排列形成的有规律的码序列,目前常见的测距码有 C/A 码和 P 码。导航电文是由导航卫星发送的数据流,向用户提供卫星轨道参数、卫星钟参数、卫星状态信息等。测距码和导航电文被调制到载波上并通过卫星播发出去。

(2) 地面控制部分

地面控制部分由主控站、监控站和注入站组成。监控站的作用是接收卫星信号,监测卫星的工作状态;主控站的作用是根据各监控站对卫星的观测数据,计算出卫星的星历和星钟的改正参数等;注入站的作用是将主控站计算出的卫星星历和星钟的改正数等注入卫星中。

(3) 用户设备

用户设备由接收机、数据处理软件及相应的应用设备组成。GNSS 接收机基于对卫星信号的处理而实现定位。在接收到可见卫星的信号后,GNSS 接收机对这些卫星信号进行以下处理:

① 解调信号上的导航电文数据码,从而得到卫星的运行轨道参数,并据此计算出卫星在该信号发射时刻的空间位置;

② 测量信号上 PRN 码的相位,得到从各颗卫星至接收机的之间的伪距;

③ 利用卫星空间位置、伪距测量值等数据进行定位解算。

如图 3-1 所示,如果卫星 s 的空间位置在某一直角坐标系中的坐标值为 $(x^{(s)}, y^{(s)}, z^{(s)})$,而接收机测得其本身到该卫星的伪距为 $\rho^{(s)}$,则可得

$$\sqrt{(x^{(s)}-x)^2+(y^{(s)}-y)^2+(z^{(s)}-z)^2}+c \cdot \delta t_u = \rho^{(s)}$$

式中,未知数 (x,y,z) 是要求解的用户接收机位置坐标值,δt_u 代表接收机时钟超前卫星时钟的值,c 为光速。该式一共包含 4 个未知数:接收机三维位置坐标 (x,y,z) 和接收机钟差 δt_u。因为接收机时钟与卫星时钟不同步,所以根据信号发射时间和信号接收时间的差异所测得的接收机与卫星之间的距离 $\rho^{(s)}$ 被称为"伪"距,因此接收机钟差 δt_u 是 GNSS 定位解算必须求得的一个未知量。这样,如果接收机对 4 颗或更多可见卫星有伪距测量值,那么可列出 4 个或 4 个以上与上式相仿的方程式,然后通过最小二乘法或卡尔曼滤波等算法从方程组中解算出

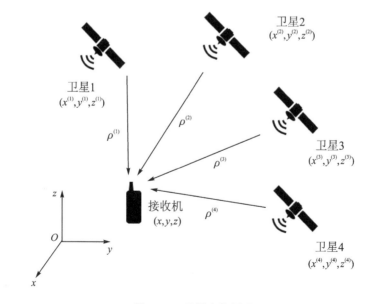

图 3-1 卫星定位原理

(x,y,z) 和 δt_u 四个未知数,这就是 GNSS 定位的基本原理。

3.2.2 卫星位置的计算

GNSS 接收机在定位时需要知道各个可见卫星在任意一个时刻的空间位置,而随时间变化的卫星空间位置称为卫星的运行轨道。

卫星在围绕地球运行时,主要受到地球引力的影响。假设地球和卫星都是一个均质的理想球体,并且地球引力是卫星受到的唯一外力,这种理想状态下的卫星运行轨道称为无摄运行轨道,它可以用开普勒三大行星运动定律来描述。

GNSS 的地面控制部分通过持续接收、测定卫星所发射的信号来确定卫星的运行轨道,然后推算出一组以时间为函数的轨道参数来描述、预测卫星的运行轨道,再将这些轨道参数上传给卫星,并让卫星广播。GNSS 接收机正是从卫星信号上获取这些参数,然后利用这些参数计算出卫星的位置的。

GNSS 卫星的无摄运动轨道可用一套应用广泛的开普勒轨道参数来描述。开普勒轨道参数总共 6 个变量(见图 3-2),其惯用符号和意义如下:

a——轨道椭圆的长半轴(Semi-major Axis)。

e——轨道椭圆的偏心率(Eccentricity)。

以上两个参数确定了轨道椭圆的形状和大小。

i——轨道倾角(Orbit Inclination),即卫星轨道平面与地球赤道面之间的夹角。

Ω——升交点赤经(Right Ascension of the Ascending Node),即在地球赤道平面上升交点与春分点之间的地心夹角,升交点是卫星由南向北运行时,其轨道通过赤道面的交点。

以上两个参数确定了卫星运行轨道平面与地球体之间的相对定向。

ω——近地点角距(Argument of Perigee),即在轨道平面上升交点与近地点之间的地心角距。此参数确定了轨道平面在赤道平面上的定向。

V——卫星真近地点角(True Anomaly),即在轨道平面上卫星与近地点之间的地心角距。这一参数是时间的函数,确定了卫星在轨道平面上的瞬时位置。

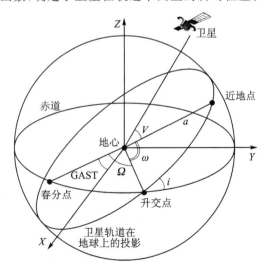

图 3-2 卫星轨道参数示意图

以上讨论了卫星在理想状态下的无摄运动轨道以及 6 个开普勒轨道参数。然而在实际中,卫星除了主要受到来自地球的引力外,还会受到来自其他天体的引力、地球的不均匀质地等多种因素的影响。在这些复杂因素的综合作用下,卫星的实际运行轨道将偏离无摄运行轨道,而这种卫星轨道偏差是绝对不容忽视的。

以 GPS 为例,为了精确描述卫星的实际运行轨道,GPS 采用了一套扩展后的开普勒轨道参数(见表 3-3)。该参数共 16 个,通常称为星历参数,它包含在卫星播发的导航电文的第二数据块中。

表 3-3 GPS 卫星星历参数

序号	符号	子帧	长度/bit	含义
1	t_{oe}	2	16	星历参数的参考历元
2	M_0	3,5	32,24	参考时刻的平近点角
3	e	2,5	32,16	轨道偏心率
4	$\sqrt{A}$	2,5	32,24	轨道半长轴的平方根
5	Ω_0	3,5	32,24	参考时刻的升交点赤经
6	i_0	3	32	参考时刻的轨道倾角
7	ω	3,5	32,24	近地点角距
8	$\dot{\Omega}$	3,5	32,16	升交点赤经变化率
9	Δn	2	16	平均运行速度差
10	$\dot{i}$	5	16	轨道倾角变化率
11	C_{uc}	2	16	升交角距的余弦调和改正项振幅
12	C_{us}	2	16	升交角距的正弦调和改正项振幅
13	C_{rc}	3	16	轨道半径的余弦调和改正项振幅
14	C_{rs}	2	16	轨道半径的正弦调和改正项振幅
15	C_{ic}	3	16	轨道倾角的余弦调和改正项振幅
16	C_{is}	3	16	轨道倾角的正弦调和改正项振幅

利用这些星历参数,GPS 接收机可以计算出 GPS 卫星在某一时刻的空间位置。

3.2.3 卫星到接收机间伪距测量

伪距是 GNSS 接收机的一个最基本的距离测量值,测量多颗可见卫星的伪距是实现单点定位的必要条件。下面以 GPS 为例介绍接收机是如何进行伪距测量的。

通过复制某个卫星的载波和伪码,GPS 用户接收机对卫星信号进行持续的跟踪、锁定。接收机将复制一个与接收信号中的伪码(一般默认为 C/A 码,也称测距码)相位相一致的伪码,然后让接收信号与复制伪码做相关运算。由于 C/A 码具有良好的自相关和互相关特性,故可以剥离接收信号中的伪码,并从中获取码相位测量值。码相位指的是在信号接收时刻 C/A 码在一整周 C/A 中的位置,其值在 0~1023 之间,并且通常不是整数。在完成子帧同步(接收机找到卫星信号的子帧边沿)之后,GPS 接收机就可以根据调制在信号上的绝对时间信息和当前信号时刻在子帧、字和位等导航电文结构中的相对位置,将码相位测量值转换成卫星在发射此信号时刻的卫星时间值,即信号发射时间 $t^{(s)}$。具体原理见图 3-3。

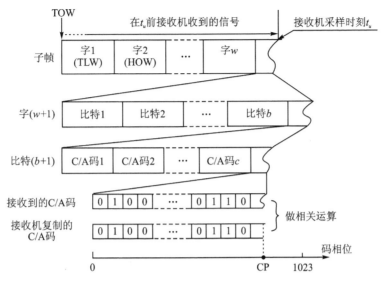

图 3-3 码相位与卫星信号发射时间的转换

从图中可推导出用已知码相位测量值求 $t^{(s)}$ 的公式,即

$$t^{(s)} = \text{TOW} + (30w + b) \times 0.020 + \left(c + \frac{\text{CP}}{1\,023}\right) \times 0.001$$

式中,

TOW——每一子帧中以秒为单位的周内时,TOW 对应着下一子帧起始沿的 GPS 时间。GPS 时间的最小值为 0,最大值不超过 604 800 s(即一周的时间),并且它在每星期六午夜零时从 0 开始逐渐增大,经过一周后又返回 0,同时星期数增加 1。

w——接收机已经接收到的导航电文数据码的整字数(每个字包含 30 位)。

b——在当前字中接收到的导航电文的比特数(每个比特时长 20 ms)。

c——当前比特中接收到的 C/A 码整周数(每个 C/A 码长 1 ms)。

CP——这一周 C/A 码中的码相位测量值。

在获取信号发射时间 $t^{(s)}$ 的同时,GPS 接收机还根据其自备时钟记录在采样卫星信号时刻所对应的接收机时间,即信号接收时间 t_u。

这样,GPS 接收机可根据 $t^{(s)}$ 和 t_u 这两个时间值的差异测量出卫星 s 至接收机 u 之间的伪距 $\rho^{(s)}$,即

$$\rho^{(s)} = c(t_u - t^{(s)})$$

式中,c——真空光速。由于卫星时间和接收机时间不同步,所以根据信号发射时间 $t^{(s)}$ 和信号接收时间 t_u 的差异所测得的接收机与卫星之间的距离 $\rho^{(s)}$ 被称为伪距。

3.2.4 定位解算

伪距定位算法就是对伪距定位方程组

$$\begin{cases} \sqrt{(x^{(1)}-x)^2+(y^{(1)}-y)^2+(z^{(1)}-z)^2} + c \cdot \delta t_u = \rho^{(1)} \\ \sqrt{(x^{(2)}-x)^2+(y^{(2)}-y)^2+(z^{(2)}-z)^2} + c \cdot \delta t_u = \rho^{(2)} \\ \qquad\qquad\qquad\qquad \vdots \\ \sqrt{(x^{(N)}-x)^2+(y^{(N)}-y)^2+(z^{(N)}-z)^2} + c \cdot \delta t_u = \rho^{(N)} \end{cases} \quad (3-1)$$

的求解算法。最小二乘法的伪距定位算法是一种比较常用的定位求解算法，基本思想是用最小二乘法求解每一次牛顿循环迭代中的线性矩阵方程式。

在每个定位时刻，最小二乘法的定位计算可分为以下 5 步。

第 1 步：准备数据与设置初始解

收集所有可见卫星在同一时刻的伪距测量值 $\rho^{(s)}$，计算测量值 $\rho^{(s)}$ 中对各项偏差、误差成分的校正量，然后计算出误差校正后的伪距测量值 $\rho_c^{(s)}$；根据它们的星历计算经地球自转校正后的卫星空间位置坐标值 $(x^{(s)}, y^{(s)}, z^{(s)})$。

最小二乘法是将接收机三维坐标 $\boldsymbol{x} = [x, y, z]^T$ 和接收机钟差 δt_u 作为待求的四个状态变量。这样，在牛顿迭代之前，还需要对接收机当前位置坐标的初始值 $\boldsymbol{x}_0 = [x_0, y_0, z_0]^T$ 和接收机钟差初始值 $\delta t_{u,0}$ 进行估计。

假如接收机在上一个定位时刻已经成功获得定位结果，那么这次定位的状态初始估计值就自然可以采用上一个定位结果，包括接收机位置坐标和钟差值。如果接收机在此前一段时间尚未实现定位，那么此刻对接收机来说是首次定位。对于首次定位，钟差初始值一般可设置成 0。对于接收机坐标初始值 $\boldsymbol{x}_0 = [x_0, y_0, z_0]^T$ 的估算问题一般有以下三种情况：

① 将用户或外界提供的接收机所在位置和时间信息作为接收机位置坐标初始估计值。

② 对于接收机已经对多颗可见卫星进行了跟踪、测量的情况，可根据这些卫星的星历计算可见卫星的空间位置坐标，取这些空间位置坐标的平均值，将此平均值在地面上的投影作为接收机位置坐标的初始估计值。

③ 接收机初始位置的经纬度或地心地固直角坐标系的三个坐标分量也可以全部简单地设置为零。即使从全零初始状态出发，牛顿迭代法一般也只需几次迭代计算就能得到收敛。

第 2 步：非线性方程组线性化

用 k 代表当前定位历元正在进行的牛顿迭代次数，即 $k-1$ 是当前已经完成的迭代次数。假如这次迭代的 $k=1$，那么第 1 步即得到了首次迭代的状态向量初始值 $[\boldsymbol{x}_0; \delta t_{u,0}]$；否则，上一次迭代的计算结果 $[\boldsymbol{x}_{k-1}; \delta t_{u,k-1}]$ 被作为这次迭代的状态初始值。

在当前历元的第 k 次牛顿迭代中，方程组（3-1）中的各个非线性方程可在 $[\boldsymbol{x}_{k-1}; \delta t_{u,k-1}]$ 处线性化，线性化后的矩阵方程式为

$$\boldsymbol{G} \begin{bmatrix} \Delta x \\ \Delta y \\ \Delta z \\ \Delta \delta t_u \end{bmatrix} = \boldsymbol{y} \quad (3-2)$$

式中，

$$\boldsymbol{G} = \begin{bmatrix} -l_x^{(1)}(\boldsymbol{x}_{k-1}) & -l_y^{(1)}(\boldsymbol{x}_{k-1}) & -l_z^{(1)}(\boldsymbol{x}_{k-1}) & 1 \\ -l_x^{(2)}(\boldsymbol{x}_{k-1}) & -l_y^{(2)}(\boldsymbol{x}_{k-1}) & -l_z^{(2)}(\boldsymbol{x}_{k-1}) & 1 \\ & & \vdots & \\ -l_x^{(N)}(\boldsymbol{x}_{k-1}) & -l_y^{(N)}(\boldsymbol{x}_{k-1}) & -l_z^{(N)}(\boldsymbol{x}_{k-1}) & 1 \end{bmatrix} = \begin{bmatrix} -[\boldsymbol{l}^{(1)}(\boldsymbol{x}_{k-1})]^T & 1 \\ -[\boldsymbol{l}^{(2)}(\boldsymbol{x}_{k-1})]^T & 1 \\ \vdots & \\ -[\boldsymbol{l}^{(N)}(\boldsymbol{x}_{k-1})]^T & 1 \end{bmatrix}$$

$$\boldsymbol{y} = \begin{bmatrix} \rho_c^{(1)} - r^{(1)}(\boldsymbol{x}_{k-1}) - \delta t_{u,k-1} \\ \rho_c^{(2)} - r^{(2)}(\boldsymbol{x}_{k-1}) - \delta t_{u,k-1} \\ \vdots \\ \rho_c^{(N)} - r^{(N)}(\boldsymbol{x}_{k-1}) - \delta t_{u,k-1} \end{bmatrix}$$

而 $-\boldsymbol{l}_x^{(s)}(\boldsymbol{x}_{k-1})$ 代表 $r^{(s)}$ 对 x 的偏导在 $\boldsymbol{x}_{k-1}$ 处的值,即

$$-\boldsymbol{l}_x^{(s)}(\boldsymbol{x}_{k-1}) = \frac{\partial r^{(s)}}{\partial x}\bigg|_{x=x_{k-1}} = \frac{-(x^{(s)} - \boldsymbol{x}_{k-1})}{\|x^{(s)} - \boldsymbol{x}_{k-1}\|}$$

第3步:求解线性方程组

这一步的任务是利用最小二乘法求解 GNSS 伪距定位线性方程式(3-2)。由最小二乘法求解公式可得(3-2)的最小二乘解为

$$\begin{bmatrix} \Delta \boldsymbol{x} \\ \Delta \delta t_u \end{bmatrix} = \begin{bmatrix} \Delta x \\ \Delta y \\ \Delta z \\ \Delta \delta t_u \end{bmatrix} = (\boldsymbol{G}^\mathrm{T} \boldsymbol{G})^{-1} \boldsymbol{G}^\mathrm{T} \boldsymbol{y}$$

第4步:更新非线性方程组的根

更新后的接收机位置坐标 $\boldsymbol{x}_k$ 和钟差值 $\delta t_{u,k}$ 为

$$\boldsymbol{x}_k = \boldsymbol{x}_{k-1} + \Delta \boldsymbol{x} = \boldsymbol{x}_{k-1} + \begin{bmatrix} \Delta x \\ \Delta y \\ \Delta z \end{bmatrix}$$

$$\delta t_{u,k} = \delta t_{u,k-1} + \Delta \delta t_u$$

第5步:判断牛顿迭代的收敛性

若牛顿迭代已经收敛到了所需要的精度,则终止牛顿迭代运算,并且将当前这一次迭代计算后的更新值($\boldsymbol{x}_k$ 和 $\delta t_{u,k}$)作为接收机在此刻的定位、定时结果;否则,k 值增加1,并返回第2步再重复进行一次牛顿迭代计算。一般判断牛顿迭代是否收敛的方法为,检查此次迭代计算得到的位移向量 $\Delta \boldsymbol{x}$ 的长度 $\|\Delta \boldsymbol{x}\|$ 或 $\sqrt{\|\Delta \boldsymbol{x}\|^2 + (\Delta \delta t_u)^2}$ 的值是否已经小到一个预先设定的门限值。

3.3 卫星导航增强系统

GPS 系统自运行以来,在世界范围内得到了广泛应用,然而长期以来,其完好性、可靠性、导航精度等一直难以满足航空用户将其作为主用导航系统的性能要求。实际运行中,在少数情况下,卫星导航系统会发生故障从而使定位严重偏离真实位置,发生主要服务失效故障。GPS 主要服务失效的概率远大于航空卫星导航的完好性需求。因此,卫星导航系统本身将无法满足航空运行的完好性风险需求,必须进行完好性监测。

卫星导航增强系统的建立和使用正是针对这一问题对 GPS 系统进行的改进措施。卫星导航增强系统除了提供对伪距的校正外,还提供 GPS 系统的完好性信息。美国、欧洲以及日本都非常重视 GPS 增强系统的建设,在系统设计、信号标准等方面表现出较强的兼容、趋同趋势,以便符合未来 GNSS 发展的要求。各种增强系统提高性能的措施不尽相同,按 GNSS 增

强系统的组成可划分为 ABAS、SBAS、GBAS。

3.3.1 空基增强系统

根据卫星定位原理,机载接收机同时能收到 4 颗卫星的信号即可定位。实际中,机载接收机即使只使用 GPS,在大部分的时间和地点也能同时收到 8 颗以上卫星的导航信号,因此对于定位而言存在较大的冗余。ABAS 利用冗余的导航信号或从其他可用机载设备得到的信息增强 GNSS,以满足所需的运行要求,包括故障检测(Fault Detection,FD)和故障排除(Fault Exclusion,FE)两个功能。故障检测的目的是检测存在的定位故障。当检测到故障存在时,通过故障排除功能排除存在故障的导航信号,机载接收机可以使用其余的导航信号继续当前的运行。如果没有故障排除功能或故障无法排除,则服务中断。ABAS 是 GNSS 机载航电设备中的一种完好性监测算法,不需要地面设备的辅助。

ABAS 包括 RAIM 和飞机自主完好性监测(Aircraft Autonomous Integrity Monitor,AAIM)技术,前者只使用 GNSS 的信息,后者使用其他机载传感器(如气压高度表、时钟和惯性导航系统等)。

目前,RAIM 技术已有了较成熟的发展,已应用于许多航空 GNSS 接收机。美国 FAA 规定所有航空用的 GPS 接收机必须具有 RAIM 功能,并且批准具有 RAIM 功能的 GPS 接收机在越洋和边远区域航行阶段可作为主用导航系统,在本土航路、终端区和非精密进近阶段可作为辅助导航系统。与此同时,AAIM 技术也逐渐得到应用,用来弥补 RAIM 受可见星数目和卫星几何分布的影响。AAIM 技术的具体应用方式包括 GNSS 与气压高度表组合和 GNSS/INS 组合导航完好性监视。

随着卫星导航系统的发展,目前已有多个卫星导航系统在多个频率上广播导航信号。多频多星座卫星导航系统的出现增加了可见星数目,提高了定位精度和服务完好性。结合多频多星座卫星导航系统的发展现状,FAA 提出了先进接收机自主完好性监测(Advanced RAIM,ARAIM)的概念。ARAIM 在 RAIM 的基础上,结合地面监测站提供的完好性支持信息(Integrity Support Message,ISM),旨在全球范围内实现水平导航性能 RNP 0.1/RNP 0.3 和垂直导航性能 LPV-200。

1. 接收机自主完好性监测

RAIM 是利用用户端接收机内部的冗余信息,实现卫星故障检测和故障识别的技术。RAIM 的主要功能包括故障检测与故障排除。在执行过程中,首先根据构造的检测量对卫星观测量进行故障检测,如果没有检测到故障,则直接进行位置估计;否则,将先识别并去除故障卫星,再使用其他正常卫星进行位置估计。RAIM 虽然难以满足较高的完好性标准,但是对卫星故障反应迅速,对外界干预的依赖度较低,成本相对较低,且对本地故障能够快速反应和告警。

RAIM 故障检测的本质是对多个导航量测数据及导航解进行一致性校验。目前,遵照是否使用历史数据 RAIM 可分为两类:滤波算法和快照算法。滤波算法利用历史数据实现故障卫星的监测,但必须给出故障的先验特性。快照(Snapshot)算法不关心系统如何变化到当前状态,只关心当前这个时刻系统的状态,只使用当前数据进行决策,该算法应用范围更广。快照算法包括最小二乘残差法、奇偶矢量法和伪距比较法。这三种方法采用不同的识别依据,但都是通过解析残差来寻找故障星,具有相同的数学本质。

故障排除是指根据冗余的观测量来判断故障可见星并将其观测量从定位方程中剔除的过程,主要有子集比较法、奇偶矢量法和最大似然估计法三种方法。

下面介绍一种基于最小二乘残差的 RAIM 算法。其基本原理是利用最小二乘原理进行定位解算的同时,对最小二乘残差进行粗差探测。

(1) 基本模型

GPS 伪距观测模型可表示为

$$y = Gx + \varepsilon \tag{3-3}$$

其中,y 是观测伪距与近似计算伪距差值的 n 维矢量,n 为卫星数;G 是 $n \times 4$ 维的系数矩阵;x 是 4 维状态参数矢量,包括 3 个用户位置改正参数和 1 个接收机钟差改成参数;ε 是 n 维观测伪距噪声矢量,若存在偏差,则以 $\varepsilon + b$ 表示。依据最小二乘原理,可算得用户状态的最小二乘解为

$$\hat{x} = (G^T G)^{-1} G^T y \tag{3-4}$$

伪距残差矢量为

$$v = y - \hat{y} = (I - G(G^T G)^{-1} G^T) y = (I - G(G^T G)^{-1} G^T) \varepsilon \tag{3-5}$$

伪距残差向量的协因数阵为

$$Q_v = I - G(G^T G)^{-1} G^T \tag{3-6}$$

残差平方和为

$$\text{SSE} = v^T v \tag{3-7}$$

v 中包含了卫星测距误差信息,可以作为进行故障检测的依据,定义一个测距残差参数

$$\hat{\sigma} = \sqrt{\frac{\text{SSE}}{n-4}} \tag{3-8}$$

(2) 故障检测

测距残差参数 $\hat{\sigma}$ 由伪距残差平方和计算得到。在系统正常的情况下,各伪距残差比较小,因而 $\hat{\sigma}$ 也较小;当在某个测量伪距中存在较大偏差时,$\hat{\sigma}$ 会变大,这便是需要检测的伪距故障情况。若伪距误差向量 ε 中的各个分量是相互独立的正态分布随机误差,均值为 0,方差为 σ_0^2,依据统计分布理论,则 SSE/σ_0^2 服从自由度为 $(n-4)$ 的 χ^2 分布;若 ε 的均值不为 0,则 SSE/σ_0^2 服从自由度为 $(n-4)$ 的非中心化 χ^2 分布,非中心化参数 $\lambda = E(\text{SSE})/\sigma_0^2$。可作二元假设,即

无故障假设 $H_0: E(\varepsilon) = 0$,则 $\text{SSE}/\sigma_0^2 \sim \chi^2(n-4)$;

有故障假设 $H_1: E(\varepsilon) \neq 0$,则 $\text{SSE}/\sigma_0^2 \sim \chi^2(n-4, \lambda)$。

在无伪距故障时,系统应该处于正常检测状态,如果出现检测告警,则为误警。因此,给定误警概率 P_{FA},应有下面的概率等式成立:

$$P_r(\text{SSE}/\sigma_0^2 < T^2) = \int_0^{T^2} f_{\chi^2_{(n-4)}}(x) dx = 1 - P_{\text{FA}} \tag{3-9}$$

根据式(3-6)可求得 SSE/σ_0^2 的检测限值 T,则单位权中误差 $\hat{\sigma}$ 的检测限值为

$$\sigma_r = \sigma_0 \times T/\sqrt{n-4} \tag{3-10}$$

由此可知,门限值 σ_r 只与给定的误警率相关,σ_r 可以事先给定,导航解算时,将实时计算的 $\hat{\sigma}$ 与门限值 σ_r 进行比较,在 $\hat{\sigma} > \sigma_r$ 时,表示系统监测到故障。

(3) 故障排除

基于最小二乘残差矢量构造统计量,该统计量服从某种分布,给定显著水平,则可通过对

统计量的检验来判断某残差是否存在粗差,由此排除故障。由残差和观测误差的关系式,可令统计量为

$$d_i = \frac{v_i}{\sigma_0 \sqrt{Q_{v_{ii}}}} \quad (3-11)$$

对统计量 d_i 作二元假设,即

无故障假设 $H_0: E(\varepsilon_i) = 0, d_i \sim N(0,1)$;

有故障假设 $H_1: E(\varepsilon_i) \neq 0, d_i \sim N(\delta_i, 1)$。

其中,δ_i 为统计量偏移参数,如第 i 颗卫星的伪距偏差为 b_i,则

$$\delta_i = \sqrt{Q_{v_{ii}}} b_i / \sigma_0 \quad (3-12)$$

n 颗卫星可得到 n 个检验统计量,总体误警率 P_{FA} 事先给定,则每个统计量的误警率为 P_{FA}/n。这样,有下面的概率等式成立:

$$P_r(d > T_d) = \frac{2}{\sqrt{2\pi}} \int_{T_d}^{\infty} e^{-\frac{x^2}{2}} dx = P_{FA}/n \quad (3-13)$$

由上式可计算得到检测限值 T_d。对于每个检测统计量 d_i,分别与 T_d 比较,若 $d_i > T_d$,则表明第 i 颗卫星有故障,应排除在导航解之外。

2. 飞机自主完好性监测

AAIM 使用 GNSS 信息与气压高度表等非 GNSS 信息组合,通过信息融合技术和信息容错技术进行完好性监测,以提高导航性能。其本质是将多个导航传感器的信息进行融合处理,并使组合导航系统满足既定的容错要求。

组合导航的导航信息融合与容错技术是实现 AAIM 的关键。导航信息融合的目的是获得更精确、可靠和完备的导航解,导航信息融合算法为 AAIM 提供基础;容错是指在组合导航系统中一个或多个子滤波器出现故障的情况下,系统能够采取相应措施,继续维持稳定可靠工作的能力,是 AAIM 的核心所在。图 3-4 所示为 AAIM 的结构示意图。

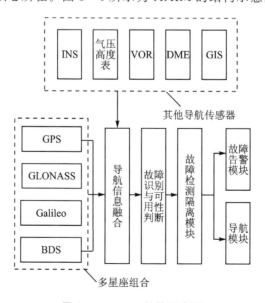

图 3-4 AAIM 结构示意图

相比 RAIM 技术，AAIM 技术成功利用了接收机外部的其他辅助信息，如气压高度表和 INS 等传统导航系统的信息，或者引入了接收机本身的时钟偏差估计以提高完好性监视能力。AAIM 可相对放宽对卫星数量和几何分布的要求，在一定程度上减少了 RAIM 空洞，提高了对卫星故障的检测和识别性能。AAIM 的容错技术进一步提高了机载导航设备的可靠性，降低了传统 RAIM 监测的虚警概率，使飞机初步具备了系统级的自主完好性监视能力。

3. 先进接收机自主完好性监测（ARAIM）

ARAIM 是美国 GNSS 演化架构研究（GNSS Evolutionary Architecture Study，GEAS）小组设计的一种用户端完好性监测架构，其利用多频和多星座的优势，在降低对地面监测依赖的前提下，提供全球覆盖的 LPV-200 的能力。

ARAIM 基本结构如图 3-5 所示。

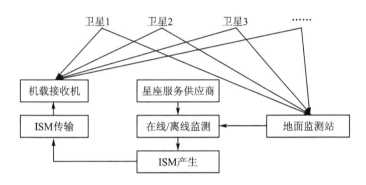

图 3-5 ARAIM 基本结构

ARAIM 的处理流程如下：一个或多个导航星座提供满足最低性能等级的卫星伪距测量值，ARAIM 地面监测网监测卫星的可用性和性能等级；然后将这些信息作为 ISM 的一部分发送给飞机，飞机利用这些信息决定哪种卫星故障的组合必须被检测，其容许的误检概率如何；ARAIM 接收机接收到这些信息后，用户算法将评估所有可能的故障子集，从而识别和排除任何错误的卫星观测量，同时提供恰当的位置估计和完好性包络。

ARAIM 的实现包括三个关键问题：故障检测、故障排除、性能评估。其中，故障检测保证当卫星发生故障时接收机能够及时报警，从而避免使用错误的定位信息而导致危险；故障排除保证接收机在检测到故障后能及时排除故障源并恢复导航能力，从而避免导航服务的中断；性能评估保证接收机在没有检测到故障的情况下，评估其自身进行安全导航的能力，保证在这种能力不足时能够及时告警并取消导航，以免发生危险。

3.3.2 星基增强系统

由于 GNSS 卫星围绕地球运动，同一地区不同时刻观测到的卫星会变化，而同一地区播发增强信号需要一个固定的发射源，因此不能使用 GNSS 卫星广播增强信号。对于 GBAS，使用地面站播发增强信号，覆盖范围有限，而 SBAS 使用地球同步卫星播发增强信号，可以做到大范围覆盖。

目前，美国、欧洲和亚洲都在开发自己的 SBAS。美国 FAA 利用 GEO 卫星播发广域差分改正和完好性监视信息，构建了 WAAS，该系统已日臻完善。欧洲空间局采用相同的原理，构建了欧洲地球静止导航重叠服务（European Geostationary Navigation Overlay Service，EGNOS）。在亚洲，日本建立了多功能卫星增强系统（Multi-Functional Satellite Augmentation System，MSAS），还在开发准天顶卫星系统（Quasi-Zenith Satellite System，QZS）作为GPS的一种增强服务。印度的GPS辅助静地轨道增强导航系统（GPS Aided Geo Augmented Navigation，GAGAN）也已经进入开发和应用阶段。我国的北斗全球系统正在开展服务于中国及其周边地区的北斗星基增强系统（BeiDou Satellite-Based Augmentation System，BDSBAS）建设工作。

WAAS重点服务北美地区，并计划向南美扩展；EGNOS重点服务欧洲地区，并计划向非洲扩展；BDSBAS重点服务于中国及其周边地区；MSAS和GAGAN都提出向东南亚甚至向澳洲扩展的计划。未来SBAS服务将可能实现无缝链接。

1. 工作原理

SBAS由地面监测站、主控站、地面地球站及GEO卫星组成。SBAS的系统结构见图3-6。

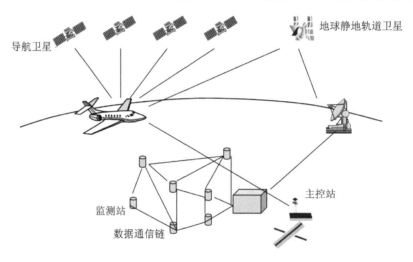

图3-6 SBAS系统结构

SBAS利用广泛分布且位置精确已知的地面监测站观测卫星，并计算与卫星、电离层相关的误差校正信息和完好性信息，最后同步轨道通信卫星通过卫星通信链路向服务区域内的用户播发这些信息，实现服务区内用户的定位精度和完好性性能增强。SBAS的关键技术包括广域差分技术和广域完好性监视技术。

以WAAS为例，对SBAS的工作原理展开介绍。WAAS的功能如图3-7所示，包括数据采集、确定电离层校正信息、确定卫星轨道信息、确定卫星校正信息、确定完好性信息、提供独立的数据检验、提供WAAS广播信息和测距信号、系统运行维护与保障8个部分。

其中，数据采集部分的功能是采集导航观测数据，该部分可同时对GPS卫星和GEO卫星进行数据采集。采集到的数据通过数据合理性检验后，一路提供给功能（2）～（5），另一路则用于功能（6）。功能（2）的作用是利用功能（1）提供的导航观测量计算电离层格网点（Ionospheric Grid Point，IGP）电离层垂直延迟与格网点电离层垂直延迟误差（Grid Ionospheric Vertical Error，GIVE）。功能（3）的作用是利用接收的GPS和GEO卫星导航电文确定卫星的位置、速度、钟差及钟漂。功能（4）的作用是在功能（3）的基础上计算卫星广播星历与广播星钟的误差

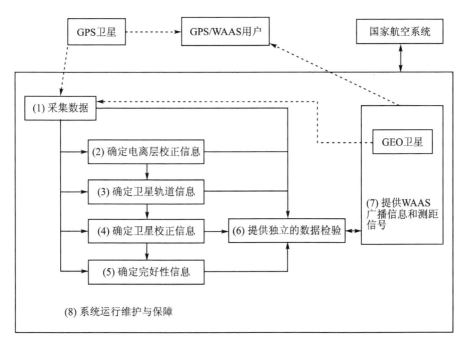

图 3-7 WAAS 的功能

校正信息。功能(5)的作用是确定卫星完好性,即根据电离层校正值和卫星校正值计算导航保护级,并在此基础上对导航完好性进行判断,若存在完好性风险,则及时告警。功能(6)的作用是在 WAAS 向用户播发增强信息之前,对所播发增强信息的正确性和有效性进行验证。功能(7)的作用是完成 WAAS 测距信号和增强信息的广播。功能(8)的作用是对 WAAS 系统进行控制、监测与维护,以确保系统达到 WAAS 的导航服务性能要求。

2. 广域差分技术

导航系统在进行定位解算时,需要减弱甚至消除星历误差、卫星钟差、电离层延迟、对流层延迟、多径效应和观测噪声等误差源的影响。WAAS 使用广域差分技术实现用户定位精度的性能增强,该技术的基本原理是通过一定数量的地面监测站对 GPS 卫星和大气传播误差进行建模和分离,在此基础上计算误差校正值,并通过通信数据链将修正信息广播给用户,以改善用户定位精度。其中误差改正采取卫星轨道改正、星钟改正和电离层改正的向量形式。

用户根据收到的差分改正信息可以得到消除星钟误差、电离层误差的伪距 ρ_i^j,即

$$\rho_i^j = R_i^j - (B^j - B^{(j,B)}) - I_i^j \tag{3-14}$$

式中,ρ_i^j 为接收机 i 至卫星 j 差分改正后的伪距值;R_i^j 为接收机 i 至卫星 j 的伪距观测值;B^j 是卫星 j 的卫星钟对 GPS 时间的偏差,$B^{(j,B)}$ 是导航电文给出的钟偏差;I_i^j 是接收机 i 至卫星 j 的电离层延迟误差。其中,B^j、I_i^j 由广域差分改正数计算得到。伪距 ρ_i^j 可模型化为

$$\rho_i^j = \sqrt{(X_i - X^j)^2 + (Y_i - Y^j)^2 + (Z_i - Z^j)^2} + b_i + \Delta\rho_{\text{trop}} + \varepsilon_i^j \tag{3-15}$$

式中,X_i、Y_i、Z_i 是用户点的坐标;b_i 为用户接收机钟差,是未知参数;$\Delta\rho_{\text{trop}}$ 为对流层误差,可用误差模型计算得到;ε_i^j 为多径效应以及接收机噪声误差。

$(\Delta X^j, \Delta Y^j, \Delta Z^j)$ 是卫星 j 坐标的改正数,(X^j, Y^j, Z^j) 是卫星 j 经改正后的坐标,由导航电文计算的卫星坐标改正后得到,即

$$\begin{bmatrix} X \\ Y \\ Z \end{bmatrix}^j = \begin{bmatrix} X \\ Y \\ Z \end{bmatrix}_B^j + \begin{bmatrix} \Delta X \\ \Delta Y \\ \Delta Z \end{bmatrix}^j \tag{3-16}$$

用户测得 4 颗或 4 颗以上的卫星伪距，根据上面的模型，利用最小二乘法便可以解出四个未知数 X_i、Y_i、Z_i、b_i，即用户广域差分的定位结果。

广域差分技术具体处理流程为：采集与处理监测站数据、计算中心站广域差分改正数及用户接收机差分定位。监测站用双频接收机得到 L1 和 L2 的码伪距和载波相位，同时采集气压、温度、湿度气象参数，对这些数据的处理包括消除对流层误差、检测和消除相位周跳、相位平滑伪距、计算产生电离层延迟，最后将消除电离层和对流层后的平滑码伪距及电离层延迟发往中心站。中心站对来自各监测站的数据集中处理，以形成电离层改正和卫星星历及卫星钟改正。电离层延迟改正一般采用网格模型进行处理，即电离层影响集中在一假想的薄壳，在这个薄壳上按一定的间距形成格网，然后利用监测站视线的电离层延迟计算每个网格点的垂直电离层延迟。轨道误差属于慢变化，卫星钟差有快慢变化两个分量，慢分量由频率自然漂移引起，快分量由选择可用性抖动引起。利用各参考站得到的 L1 平滑伪距可以确定精密卫星轨道，与用 GPS 广播星历计算的卫星位置比较则得到广播星历卫星改正数，GPS 卫星钟差也能相应确定。用户接收机处理主要是要对接收的伪距观测量和广播星历进行差分改正计算，然后按一般的导航定位处理即可得到用户的差分定位结果。在差分改正时，用户视线电离层延迟应通过格网点的垂直延迟插值计算。

3. 广域完好性监视技术

完好性是指当卫星导航信号和系统不可用于导航时，系统及时向用户提供告警的能力。WAAS 在中心站除了计算出差分改正数外，还应向用户提供完好性信息，即通过对 GPS 卫星信号的监测，对 GPS 卫星和电离层网格点的完好性进行分析，发出"不要用"的告警信息；当系统不能确定 GPS 卫星或电离层网点的完好性时，向用户发送"未被监测"信息。

（1）监测方法

完好性监测应对与卫星有关的误差和电离层格网点误差分别处理，与卫星有关的误差以用户差分距离误差（User Differential Range Error，UDRE）表示，和电离层格网点有关的误差用格网点电离层垂直校正误差（Grid Ionospheric Vertical Error，GIVE）表示。

1) 用户差分距离误差

UDRE 是经星历误差修正和卫星钟差修正后的真实用户级误差，是由 WAAS 在播发广域差分改正数时所对应的误差估计信息。WAAS 通过确保广播星历以及星钟改正数的校正率来达到增强完好性导航服务性能的目的。UDRE 定义为，系统服务区内，可视卫星星历及星钟校正误差所对应的伪距误差的置信限值（置信度为 99.9%），数学表达式为

$$\Pr(\text{UDRE} > \text{卫星星历及钟差改正误差}) \geqslant 99.9\% \tag{3-17}$$

UDRE 直接与系统的完好性、连续性、可用性相关。一方面，为保证完好性，UDRE 要以一定置信度限定卫星误差校正值的上限，以保证为服务区用户导航的高安全性；另一方面，UDRE 还须对卫星星历和星钟的异常及时做出反应，UDRE 不能估计得太大，避免完好性风险的高漏检率。

2) 格网点电离层垂直校正误差

WAAS 在广播电离层格网点延迟校正值的同时，也需广播格网电离层延迟校正值的误差

信息,该误差信息定义为 GIVE。GIVE 是格网点经过电离层校正后的真实用户垂向误差。在 99.9% 置信限下,对于 t_k 时刻的格网点延迟校正 $\hat{I}_{IGP}(t_k)$,在其作用的时间间隔内,GIVE(t_k) 应以 99.9% 的置信度保证 $\hat{I}_{IGP}(t_k)$ 与实际 $I_{IGP}(t)$ 是一致的,即

$$\Pr(\text{GIVE}(t_k) > |\hat{I}_{IGP}(t_k) - I_{IGP}(t)|) \geqslant 99.9\% \tag{3-18}$$

(2) 监测结果的检验

根据数据流的不同处理阶段可将 WAAS 的完好性监视体系分为 5 个层次检验:

1) 观测数据合理性检验

在中心站对原始观测数据处理之前,须对各参考站的两路观测数据分别进行检查,以保证这些数据合理和连续。具体方法是通过对当前历元的观测数据与前面若干历元的观测数据进行比较,如果比较结果超过一定限值,则认为当前历元的观测数据存在问题。这种检查可以发现卫星时钟、接收机时钟、多路径、接收机噪声等误差对原始观测数据的影响,从而可以放弃受到较大误差影响的观测数据。如果某接收机所有的观测数据都存在问题,则应放弃该参考站;如果所有接收机对某颗卫星的观测量都存在问题,则该卫星应标记为存在故障。

2) 处理结果内符合检验

处理结果内符合检验是根据最小二乘原理,用验后残差对参考站所采集数据的正确性和软件处理得到的各项改正数的正确性进行检验。两路数据分别进行,每一路数据的验证均包括卫星星历处理模块、卫星钟差处理模块和电离层处理模块。

3) 平行一致性检验

对参考站的两路观测数据,中心站分别进行独立处理,其处理软件相同。如果两路数据均没有受到异常误差的影响,则中心站的处理结果应一致。这些结果包括各类误差改正数及改正数的误差估计,对于两路结果不一致的改正数应标记其不可用。这个阶段只能检测异常,但不能判别到底是哪一路存在问题。

4) 交叉检验

交叉检验就是将一路处理得到的差分改正数应用于另一路经预处理的观测数据,通过比较并对残差信息进行统计,确定差分改正数的完善性。交叉检验包括两类:一类是与卫星有关的卫星星历及钟差校正值的验证,即 UDRE 验证;另一类是电离层延迟校正值的验证,即 GIVE 验证。

例如,由 A 路卫星快变及慢变校正数来改正 B 路经预处理的伪距观测数据,改正后的伪距再与由已知参考站坐标计算卫星与用户之间的几何距离取差,得到相应的伪距残差,残差反映了 A 路卫星快变及慢变校正数的误差。该残差进行统计得到的置信限 UDRE B 应与 A 路处理的置信限值 UDRE A 一致,否则作如下处理:

① 如果没有有效的 B 路观测数据进行此验证处理,则设置 UDRE 为"未被监测";

② 如果 UDRE A<UDRE B,则说明基于 A 路的 UDRE 没有包络 B 路观测量残差,应对 UDRE A 进行改正;

③ 如果 UDRE A 值超出了增强信息广播格式的范围,则设置 UDRE 为"不可用"。

由 A 路处理得到的格网点电离层校正值,可内插计算 B 路观测数据电离层延迟,将此内插值与 B 路电离层观测值比较得到残差,则残差统计值即为 GIVE B。将 GIVE B 与由 A 路计算的电离层误差限值 GIVE A 进行比较,若无异常情况,两者应一致;否则可作与 UDRE 相似的处理。

5) 广播有效性检验

有效性检验方法与正确性检验方法基本一致,包括 UDRE 和 GIVE 两方面的检验。有效性检验除了对广播校正数进行检验外,还能检验空间信号的性能、系统延时及告警时间是否满足要求。空间信号性能的检测是指对接收的所有广播信息及伪距观测量进行差分定位计算,然后与监测站的位置进行比较,以验证广域差分定位是否满足相应的精度需求,并确认 UDRE 及 GIVE 是否正确。系统延时检测是指计算增强信息接收的时间与用于计算校正观测数据的标记时间之间的差,并判定该值是否在系统允许范围内;告警时间检测是指计算告警信息的到达时间和没有通过有效性验证的观测数据的标记时间之差,并判定该值是否在系统允许范围内;通过系统延时及告警时间的监测可验证系统对故障的处理及反应能力。

3.3.3 地基增强系统

卫星导航地基增强技术是基于局域差分和完好性监视技术的卫星导航外部增强手段。GBAS 在位置精确已知的参考站获得测量伪距值,并利用卫星星历和参考站的已知位置求出伪距计算值(真实值),两者之差称为校正值,然后把校正值发给用户。一定距离内与参考站同步测量的用户可以利用卫星导航校正值对自己的伪距观测值进行校正。当参考站和用户之间的距离间隔小于 50 km 时,差分定位精度可达 1 m(95%)。应用于民用航空的 GBAS 系统在局域差分基础上进行完好性监视,以满足对于性能需要较高的精密进近需求。

目前发展较成熟的 GBAS 系统是美国 FAA 支持研制的局域增强系统(Local Aera Augumentation System,LAAS)。我国于 2004 年开始建设自主知识产权的 GPS 地基区域完好性监视系统(Ground-based Regional Integrity Monitoring System,GRIMS)。系统建设目标是对 GPS 卫星的完好性进行实时监测,实现在 GRIMS 的增强下,使 GPS 系统在我国边远地区达到主用导航系统使用需求,在本土航路、终端区和非精密进近阶段达到辅助导航系统的性能要求的目标,解决高原和西部地区陆基导航设施建设困难、导航手段匮乏的问题。

本节以美国 LAAS 系统为例,介绍 GBAS 技术的工作原理。

根据美国 FAA 提供的资料,LAAS 由空间部分、LAAS 地面站(LAAS Ground Facility,LGF)和用户部分组成,如图 3-8 所示。

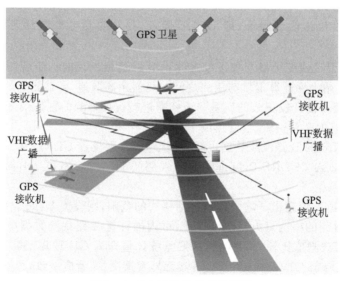

图 3-8 LAAS 结构组成示意图

空间部分提供测距信号和轨道参数给地面站和用户。地面站包括一组 GPS 参考接收机和放置在精确已知位置的天线。利用接收机,地面站不断跟踪、解码、监测卫星信号并生成差分校正信息。为了保证飞行安全,地面站同时探测导航信号的失效并及时向飞机告警。校正和告警信息通过 VHF 数据链播发给飞机。用户接收并使用差分信息去校正伪距观测量,从而获得较高的定位精度。

1. 局域差分处理技术

以 LAAS 为例,局域差分技术的基本组成如图 3-9 所示,其原理是在一个或多个位置准确已知的地点上设立基准站,通过实时观测的卫星数据,计算出卫星定位中的公共误差,然后通过一定的通信链路发送给该区域内的用户,用户用此公共误差修正定位结果,实现高精度的区域差分定位。LAAS 的局域差分流程如图 3-9 所示,包括:对 GPS 信号进行解码,对测距信息利用载波相位平滑滤波,根据

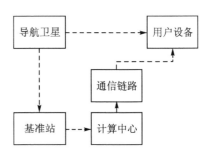

图 3-9 差分系统基本组成

基准站的真实位置得到伪距校正值,之后参考接收机内部平均去除自身钟差影响,参考接收机之间平均去除随机噪声,得到最终的伪距校正值等相关信息。

差分技术主要包含伪距差分技术和载波相位差分技术。下面以伪距差分技术为例,简单说明其原理。

伪距差分技术是应用最广泛的差分定位技术。为了降低量测误差,提高伪距差分精度,通常在差分前先采用载波相位对伪距进行平滑。

在坐标精确已知的基准站上安装 GPS 接收机,连续测量出可见卫星的伪距,对于可见卫星 i 而言,其测量伪距为 ρ^i;通过解算导航电文得到该颗卫星的星历,进而计算出卫星在观测时刻的位置 (X_s^i, Y_s^i, Z_s^i)。基准点的坐标精确已知,表示为 (X_r, Y_r, Z_r),利用卫星和基准站的坐标就可以计算出卫星到基准站的真实距离 R^i 为

$$R^i = \sqrt{(X_s^i - X_r)^2 + (Y_s^i - Y_r)^2 + (Z_s^i - Z_r)^2} \tag{3-19}$$

基准站 GPS 接收机直接测量的伪距包含了星历误差、星钟误差、电离层误差等,将 ρ^i 与 R^i 相减即可得到伪距改正数,即

$$\Delta \rho^i(t) = R^i(t) - \rho^i(t) \tag{3-20}$$

进而,利用前后观测时刻的伪距改正数可求出其变化率,即

$$\Delta \dot{\rho}^i = \frac{\Delta \rho^i(t) - \Delta \rho^i(t-1)}{\Delta t} \tag{3-21}$$

基准站将 $\Delta \rho^i$ 和 $\Delta \dot{\rho}^i$ 广播至飞机,飞机将对测量出的伪距进行修正,得到改正后的伪距:

$$\rho_{\text{corr}}^i(t) = \rho_{\text{meas}}^i(t) + \Delta \rho^i(t) + \Delta \dot{\rho}^i(t - t_0) \tag{3-22}$$

利用改正后的伪距则可以计算出飞机的位置。其伪距观测方程为

$$\begin{aligned}\rho_{\text{corr}}^i &= R^i + c \cdot \delta t + \upsilon \\ &= \sqrt{(X_s^i - X_r)^2 + (Y_s^i - Y_r)^2 + (Z_s^i - Z_r)^2} + c \cdot \delta t + \upsilon \end{aligned} \tag{3-23}$$

式中,δt 为接收机钟差,υ 为接收机噪声。

由于改正后的伪距减弱了卫星误差和传播误差的影响,故所计算的用户位置具有更高的

精度。

2. 完好性监测技术

GBAS 的完好性监测主要对 GPS 空间信号以及地面设备本身可能出现的异常情况进行监视,以保证导航系统的完好性。

信号质量监测(Signal Quality Monitor,SQM):信号质量监测算法主要用于监测 GPS 卫星广播的 C/A 测距码是否存在异常,是否有电离层风暴对伪距进行影响,同时能够确保接收到的卫星信号功率能满足精密定位服务标准的要求。主要通过质量监测接收机、码载波一致性校验以及功率监测等方法对信号的质量进行监测。SQM 包括三个功能:相关峰监视、信号功率监视和码/载波分歧监视。

数据质量监测(Data Quality Monitor,DQM):卫星的异常机动、广播星历参数计算误差和地面控制站注入校正参数时因数据链故障等可能导致较大的卫星星历误差,地面站需要检测和排除这种失效,而不能依靠机载用户自身来发现这种失效情况。DQM 分别计算根据两个星历得出的卫星位置之差在卫星轨道的切向、法向和径向方向上的投影,验证的卫星导航数据足够可信。

测量质量监测(Measurement Quality Monitor,MQM):用于检测 GPS 钟差以及地面接收机失效引起的阶跃变化等快变误差。根据误差类型的不同,主要包含以下三种监测方法:接收机锁定时间监测,载波加速及阶跃误差监测,载波平滑码变更监测。以上三种监测方法若有一种观测量超出给定的阈值,MQM 则产生一个完好性标记(flag)送至执行监测部分。

接收机一致性校验:多基准一致性检测算法用于检测 LAAS 地面系统产生的差分校正量的一致性。在处理过程中对每个基准接收机测量的伪距校正量进行比较,检测出不一致的量,计算 B 值(卫星故障和接收机故障造成的伪距校正量偏差值),并与阈值相比得出结果。多基准一致性检测对基准接收机测量的伪距校正量中误差较大的数据进行检测和排除。

标准差监测:标准差监测主要采用标准差估计的方法,对求得的 B 值进行处理,将 B 值标准化,即用 B 值除以 B 值标准差。

报文测距校验监测:报文测距校验监测用于保证计算出的平均伪距校正以及校正率在一定的范围内。此监测条件较为宽泛,和数据质量监测前后对应,但无法监测与接收机卫星矢量垂直的误差。

GBAS 的完好性监测还包括对异常结果所采取的处理,一般由执行监测器(Executive Monitoring,EXM)实现。其目的是对完好性监测算法产生的故障标记信道进行处理(如隔离),分为第一阶段执行监测(EXM-Ⅰ)和第二阶段执行监测(EXM-Ⅱ)。EXM-Ⅰ主要对异常量测值进行处理,EXM-Ⅱ则通过一致性校验,对异常的卫星和异常的基准站进行处理。

EXM-Ⅰ:用于处理 SQM、DQM、MQM 产生的完好性告警,从而判断是否有信道失效需要隔离。通过 EXM-Ⅰ的测量值可以进行下一个阶段的运算。

在 EXM-Ⅰ中首先建立两个矩阵,T(跟踪)矩阵和 D(判决)矩阵。矩阵中的元素为单个信道(信道卫星对)。T 矩阵中的元素为接收机跟踪的卫星。D 矩阵中记录的元素通过用 QM 算法求逻辑或的方式获得。

EXM-Ⅱ:第二阶段执行监控器(EXM-Ⅱ)在多接收机一致性检测(Multiple Receiver Consistency Check,MRCC)处理的基础上,即在 EXM-Ⅰ预处理之后进行。如果 EXM-Ⅱ预处理不能隔离失效的统计量,判断故障源,则将 flags 信息传至 EXM-Ⅱ隔离模块。

EXM-Ⅱ隔离同 EXM-Ⅰ一致,对产生标记的观测量进行隔离。举例来说,单信道上单

个 B 值 flag 可以移除,但是如果给定的卫星或接收机中不止一个 B 值产生了 flag,则整个接收机或者卫星都需要进行隔离。为了满足 EXM-Ⅱ 所要求的处理时间,须进行四次递归处理,重复进行 EXM-Ⅱ 隔离 MRCC 失效检测过程,一直到放弃或者排除所有失效的测量值。对于 EXM-Ⅱ 来说,很少需要进行一到两次的隔离,同时,所有的测量值也需要通过其他测试,这也是 EXM-Ⅱ 排除的重要逻辑。

最后,EXM-Ⅱ 需要管理排除的测距源或者接收机信道。被隔离的测量值进入"自我修复"阶段,重新启动载波平滑滤波器。如果测量方法在这种极限值下能够通过检验,则被标示为可用,重新进行工作;如果仍然超出极限值,则重新进入"自我修复"阶段。

思考题

1. 简述 GNSS 的基本概念和发展历程。
2. 在空管中,GNSS 的应用遇到的主要问题有哪些?
3. 典型的卫星导航系统有哪些?择其一作简要说明。
4. DGPS 的基本概念是什么?在飞机进近和着陆方面,DGPS 技术的应用是如何体现的?
5. 建设卫星导航完好性监测系统的主要根据是什么,是如何具体实现的?
6. 卫星导航增强系统有哪些,其在具体应用中起到怎样的作用?

第 4 章 空管监视系统

对空中交通和危险天气的监视是实施空管的前提。用于空中交通服务的监视系统泛指具备对飞机相关信息跟踪识别能力的各种不同系统,按监视数据源可将其分为陆基监视和空基监视,主要技术手段包括一次监视雷达(Primary Surveillance Radar,PSR)(也称一次雷达)、二次监视雷达(也称二次雷达)、多点定位监视和自动相关监视等。自动相关监视基于卫星导航和空地通信数据链,可以实现对飞机的整个飞行阶段进行连续无间断监视,精度和更新率相对于雷达有很大提高,是新航行系统中提出的一种重要监视手段。面向空中交通服务对监视系统的性能要求,国际民航组织提出了基于性能的监视(Performance based surveillance, PBS),以支持现有和未来的地空和空空监视运行。

地空监视是空中交通服务的重要基础,主要包括雷达监视、自动相关监视、多点定位和多元协同监视。机场场面监视对机场地面运行的飞机与车辆进行监视和引导,避免相撞,保障顺畅。未来将实现飞机间的空空监视,具备基本机载监视能力,实施尾随飞行、自主间隔保持等运行。

知识点
- 空管监视的定义和分类
- 基于性能的监视
- 多源协同监视
- 机场场面监视
- 空空监视

4.1 概 述

现代航空运输系统中,航空器的高速飞行活动已远远超出了人的直接感知范畴,空中交通管理者必须借助监视系统才能准确掌握空中交通活动信息。空管监视系统是空中交通管制员的"眼睛",用以检测、识别和跟踪空中飞行目标以及探测影响飞行安全的天气现象。用于空中交通服务的监视系统泛指具备对飞机相关信息跟踪识别能力的各种不同系统,包括 PSR、SSR、ADS 或任何经过验证安全与性能参数不低于单脉冲 SSR 的地基系统。

地基雷达监视系统已应用近 50 年。近年来随着数据链及卫星技术的发展以及飞行密度的增加,出现了 ADS、MLAT 等多种空管监视新技术。每种监视手段基于自身的技术特点都具有各自的适用范围和监视性能。为了最优地利用各种空域监视技术,实现飞机状态的实时可信监视,空管监视形成了多源协同的监视系统,利用多源信息融合技术,将雷达、ADS – C 和 ADS – B 等监视信息进行融合处理,得到了更加精确可信的融合航迹。

空管监视技术按监视数据源可分为陆基监视和空基监视。其中,陆基监视包括 PSR、SSR 和 MLAT。空基监视包括 ADS – B、ADS – C 和空中交通警戒与防撞系统(Traffic Collision Avoidance System,TCAS)。

空管监视技术按所监视的飞行区域可分为航路监视、终端区监视、机场场面监视和洋区及荒漠地区监视。其中,航路监视包括远程雷达、A/C/S 模式系统(Mode A/C/S)、ADS-B 和广域多点定位。终端区监视包括机场终端监视雷达、ADS-B、精密跑道监控器。机场场面监视包括机场场面探测系统、低成本地面监视系统、跑道状态指示灯系统和多点定位监视系统。洋区及荒漠地区监视包括 ADS-B、ADS-C 和基于程序管制的监视。

4.1.1 雷 达

1. 雷达原理

雷达(Radar)是指用无线电方法对目标进行探测。雷达的基本任务有两个,一是发现目标的存在,二是测量目标的参数。雷达通常由天线、发射机、接收机、定时器、显示器及天线控制系统等主要部分组成,如图 4-1 所示。

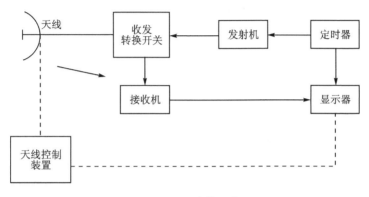

图 4-1 雷达的组成

定时器产生定时触发脉冲,并把脉冲送到发射机、显示器等各雷达分系统,控制雷达全机同步工作。发射机在触发脉冲控制下产生射频脉冲进行发射。收发转换开关在发射期间将发射机与天线接通并断开接收机,而在其余时间将天线与接收机接通并断开发射机。对于收发共用一副天线的雷达来说,必须具有收发转换开关。天线将发射机输出的电磁波形成波束实现定向辐射,并且接收由目标反射回来的电磁波。接收机将回波信号放大、滤波,并变换成视频回波脉冲,然后送入显示器。显示器是雷达的终端设备之一,用来显示目标回波并指示目标位置,是操作员操作、控制雷达工作的装置。天线控制装置(亦称伺服装置)可以控制天线转动,使天线波束依照一定的方式在空间扫描。

2. 空中交通监视雷达

空中交通管理中的监视雷达主要分为一次雷达和二次雷达。一次雷达是反射式雷达;二次雷达也叫空管雷达信标系统,最初是在空战中为了使雷达分辨出敌我双方的飞机而发展的敌我识别系统,用于空中交通管制后,就成了二次雷达系统。二次雷达实际上不是单一的雷达,而是包括雷达信标及数据处理在内的一套系统。

一次雷达的工作方式为:雷达发射无线电波,无线电波经空间传播照射到目标,目标被电波照射后辐射二次电波,少量信号沿雷达发射的无线电波反方向返回,雷达接收机接收从目标返回的电波能量,从而确定目标的位置。一次雷达在显示目标时,目标的大小和亮度要受到很多因素的影响,如目标和天线间的距离、大气的相对传导性、目标的雷达截面积、地面杂波影响等,并且一次雷达无法识别目标的身份,因而难以满足空中交通管理的要求。

二次雷达的工作方式与一次雷达不同,它是由地面询问机和机载应答机配合而成,采用的是问答方式。二次雷达实际上是同时利用了雷达和通信的特点。雷达可以用来确定目标的距离和方位;通信可以从目标应答机的应答信号中获取一般雷达信号所没有的信息。作为全球范围广泛使用的二次雷达,地面二次雷达发射机发射 1 030 MHz 的询问脉冲信号,向机载设备发出询问;机载应答机在接到有效询问信号后产生相应的频率为 1 090 MHz 的应答信号并向地面发射。地面二次雷达接收机接到应答机信号,经过计算机系统一系列处理后获得所需的各种信息。可见,二次雷达系统必须经过二次雷达发射机和机载应答机的两次有源辐射才能实现其功能。

二次雷达系统除了能够提供比一次雷达更为丰富的信息内容外,还具有其他明显的特点。

(1) 发射功率较小

二次雷达的工作与飞机的反射面积无关,对于同样的工作距离,二次雷达地面发射功率可以比一次雷达小得多。相应地,二次雷达应答机的接收机灵敏度也可以比一次雷达低一些。

(2) 干扰杂波较少

二次雷达系统的接收频率和发射频率不同,各种地物、气象目标对 1 030 MHz 发射的反射信号不会被 1 090 MHz 的接收机所接收。因此,二次雷达基本上没有上述杂波干扰。

(3) 不存在目标闪烁现象

二次雷达回波是由机载应答机主动辐射的信号形成的,不是由目标反射能量形成的,因而与目标的反射面积无关,回波不会由于目标姿态变化及散射而忽强忽弱,从而避免产生闪烁现象。

(4) 可提供的信息丰富

由于系统可以进行编码工作,机载应答机可以提供丰富的信息,例如距离和方位信息、飞机代码信息、飞机气压高度信息等。

3. 二次雷达的询问模式

二次雷达发射的是成对脉冲,每对脉冲之间有不同的时间间隔,从而可以确定不同的询问工作模式(见图 4-2)。

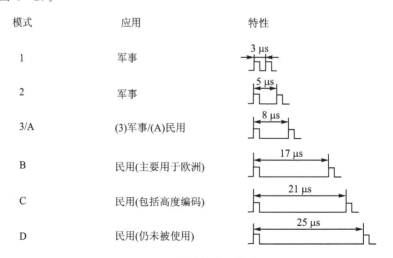

图 4-2 雷达的询问模式

目前民航使用的是两种询问工作模式,即 A 模式和 C 模式,在新航行系统中还出现了 S 模式,在后面会单独提到。二次雷达系统的另一部分是飞机上的应答机。应答机在接收到地面二次雷达发出的询问信号后发出不同形式的编码信号。应答信号是一个脉冲序列,它的第一个和最后一个脉冲是结构脉冲,标识这一系列脉冲的起始和终止,除中间一个脉冲备用外,其他 12 个脉冲组成一个八进制的编码系统,形成一个 4 位数编码。应答机如果接到的是 A 模式脉冲对的询问,它回答的是一组 4 位编码,代表飞机的识别号码;如果接到的是 C 模式脉冲对的询问,它回答的是代表高度的 4 位编码。

二次雷达的旋转天线在发出信号时,主波从正前方发出,但同时在主波周围发射低能量的旁波瓣,如果应答机对这些波瓣也做出回答,会在屏幕上出现多个假信号。

为防止该情况,二次雷达在旋转天线旁边设置了一根固定的全向天线,这根天线在询问脉冲对的第一个脉冲之后 $2\mu s$ 发出脉冲,其强度和脉冲对的两个脉冲相等,如果应答机接到的信号 3 个脉冲强度相等则表明收到的是主波瓣的信号,给予回答;如果收到的信号中,中间一个强而前后两个弱,表明收到的是旁波瓣的脉冲,则不予回答,从而避免干扰。

4.1.2 自动相关监视系统

ADS 是 ICAO 在新航行系统中所推荐的一种新兴的监视技术。所谓自动相关监视系统是指机载导航系统获得的导航信息(这些信息至少包括飞机识别信息和四维位置信息),通过卫星数据链或甚高频空-地数据链,自动实时地发送到地面接收和处理系统,然后通过显示设备提供伪雷达画面,供空中交通管理人员和航空公司航务管理人员等监视飞机的运行状态。该系统可应用于航路、终端区和场面监视等部门,可成为现有的一次、二次雷达监视系统以及机载避撞系统等的有利补充。同时,由于它还使用了卫星链路,因而可应用于海洋和边远地区,改善在现有监视条件下这些地区监视手段不足的情况。

ADS 主要包括 ADS-C 和 ADS-B。ADS-C 为点对点监视,多用于洋区和荒漠地区的远程监视;ADS-B 为广播式监视,飞机主动广播自身位置信息,只要具有 ADS-B 接收功能的设备均能接收到飞机发射的 ADS-B 信息。

1. 合同式自动相关监视

ADS-C 信息以报文的形式通过空地数据链传到地面 ATC 中心,其最终用户是交通管制员。为了向用户提供良好的空地数据通信服务,美国 ARINC 公司早在 20 世纪 70 年代就开始了 ACARS 的开发研究,并在随后建立了 ACARS 网络。国际航空电信组织开发了 AIRCOM 系统,与 ACARS 系统完全兼容,由国际航空电信协会(Society International De Telecommunicatioan Aero-nautiques,SITA)网络提供地面通信支持。我国也建立了甚高频地空数据通信 ADCC 网络。报文在基于计算机的地面设施与安装了数据链机载设备的飞机之间传送,系统原理如图 4-3 所示。

系统在陆地上使用 RGS,在各大洋上使用 Inmarsat 通信卫星沟通,从而实现了全球覆盖。

(1) ADS 的组成

典型的 ADS-C 系统由 ADS 信息源、ADS 传输信道、信息的接收处理和应用显示三个模块组成。

1) ADS 信息源

ADS 的信息源包括各种机载导航传感器和接收机以及大气数据传感器。采集原始数据

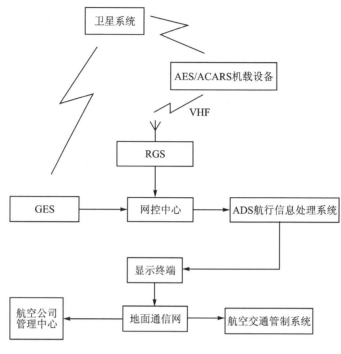

图 4-3 ADS-C 系统原理图

后交由机载 FMC 进行整理和融合形成 ADS 信息,并交由发射装置发射。

2) ADS 传输信道

ADS 传输信道包括以下三种数据链:卫星数据链、甚高频数据链和 S 模式二次雷达数据链。

为了满足 ADS-C 空地之间的通信协议项目,在飞机上的 ADS 接口组件和地面 ATC 单位的飞行数据处理系统之间实现相互通信之前必须建立一个或一组合同,形成合同制的空地双向数据链,该数据链还可用于实现 CPDLC 和紧急情况下管制员和飞行员间的应急话音通信。

ADS-C 合同用于指明在何种情况下起始 ADS 报告以及报告中将包括哪些信息,其有以下四种类型:

周期性合同(Periodic):飞机周期性地向地面发送 ADS 报文。

事件合同(Event):由相关事件触发飞机发送 ADS 报文。

请求合同(On Demand):飞机因地面请求发送 ADS 报文。

紧急合同(Emergency):在紧急情况下飞机自发地发送 ADS 报文。

3) 信息的接收处理和应用显示

ADS 信息的接收处理和应用显示包括地面的通信终端和显示终端两部分。

地面通信终端主要是各种与 ATN 网络相兼容的数据链网络(ARINC 的 ACARS 网络、我国的 ADCC 网络和 SITA 的 AIRCOM 网络等)以及与之相连的各种地面 ATS 网络和专用网络。

地面 ATC 部门的飞行数据处理系统可以将飞机的位置点图形化地映射到地面显示终端的显示屏幕上,使其能像雷达点迹一样在屏幕上显示出来,即伪雷达显示。

(2) ADS 的功能

ADS-C 与话音通信相比减小了飞行间隔,增加了空域容量,但其飞行间隔仍然大于雷达管制所需的飞行间隔,所以 ADS-C 在进近和终端区以及一些流量较大的航路上仍然不能取代雷达管制,只能作为雷达管制的辅助手段,并且主要用于边远及海洋地区空域的监视。

ADS-C 的功能包括:

① 通过对雷达覆盖区以外的飞机提供 ADS 监视手段来加强飞行安全;

② 及时检测到航路点引入差错和 ATC 环路差错;

③ 对当前飞行计划进行符合性监督和偏离检测,及时发现飞机对放行航迹的偏离情况;

④ 管制员可以根据发现的问题及时提出相应的修正措施;

⑤ 结合 ADS-C 和改进了的监视、通信、ATC 数据处理和显示能力,可以缩减飞行间隔标准,进而获得全面的效益;

⑥ 提高战术处理能力,使空域利用更为灵活;

⑦ 加强了冲突检测和解脱能力;

⑧ 在紧急情况下及时得到飞机精确的位置信息和通知。

ADS-C 监视技术可用于海洋空域和内陆地区无雷达监视的空域,以缓解这些区域监视手段不足的缺陷。

(3) ADS 的局限性

ADS-C 也存在一定的局限性,主要有以下几点:

① 机上信息处理需要时间,从数据采集到发送至少需要 64 ms;

② 通信滞后,报文从飞机传送到地面约需要 45~60 ms;

③ 相关监视依赖飞机报告,完全依赖机载导航信息源;

④ 要求使用相同的基准,即 GNSS 的基准时间和 WGS-84 的坐标系统,否则精度会变差;

⑤ 设备安装的过渡期内可能会出现机载设备混乱的情况。

2. 广播式自动相关监视

ADS-B 是在 ADS-C、TCAS 和场面监视的基础上,综合三者的特点提出的一种监视技术,作为未来主要的航空监视手段之一,已成为 ICAO 新航行系统方案中的一个重要组成部分。ADS-B 以先进的地空/空空数据链为通信手段,以先进的导航系统及其他机载设备产生的信息为数据源,通过对外发送自身的状态参数,并接收其他飞机的广播信息,达到飞机间的相互感知,进而实现对周边空域交通状况全面、详细的了解。

ADS-B 具有的特性可体现为 A(Automatic)、D(Dependent)及 B(Broadcasting),其中 A 表明飞机各项信息的对外广播由相关设备自动完成,不需要飞行人员的介入;D 表明实现飞机之间以及地面空管机构对空域状况的感知需要所有飞机均参与到对各自信息的广播中,同时所发送的信息均依靠于机载设备所提供的数据;B 表明飞机所发送信息不仅仅是点对点地传送到空管监视部门,而要对外广播,使所有通信空域内的单位均能收到。

(1) ADS-B 的监视信息

具有 ADS-B 功能的飞机可以对外广播各类所需的监视信息,这些监视信息分为以下几类:

1) 标识号(ID)

ADS-B 所传递的基本标识信息包括以下三种：

① 呼号(CALL SIGN)：由 7 个字符(字母或数字)组成,对于不接受 ATS 服务的飞机或车辆以及军用飞机,不需要此类信息。

② 地址(ADDRESS)：用以唯一标识飞机的 24 位地址。

③ 类型(CATEGORY)：由国际民航组织定义的描述航空器类别的标识,如轻型机、中型机及滑翔机等。

2) 状态矢量

移动目标的状态矢量包括在全球统一参考系统下的三维位置和速度等信息。

状态矢量信息的精度将影响监视应用的使用效果。对使用 ADS-B 监视应用的精确度需求,是基于状态矢量的每个元素的不确定度的。影响状态矢量精度的因素包括导航传感器系统的误差、ADS-B 报告系统错误、适应时间的误差(由于报告延迟造成的)、处理过程引入的误差。A/V(Aircraft/Vehicle)状态矢量包括以下元素：

① 三维位置：在传输数据的格式上要求不损失精度及完好性,几何位置元素使用 WGS-84 坐标系。

② 三维速度：包括水平速度矢量和垂直速度,几何速度信息使用 WGS-84 坐标系。

③ 飞机转向标示：左转、右转、直飞。

④ 导航不确定度分类(Navigation Uncertain Category,NUC)：导航变量的不确定度分类根据 ADS-B 发送系统的 NUC 数据集进行划分,包括位置不确定度和速度不确定度。NUC 也需要报告,以便监视应用可以决定报告的位置是否处于可接受的完好性和精度等级内。所有接收机必须动态计算水平保护等级。水平保护等级定义为,在飞机所处水平面内以飞机的真实位置为圆心的圆的半径,指示位置在此圆之外的概率是 10^{-7}/飞行小时。

3) 状态和意图信息

状态和意图信息主要用于支持 ATS 和空空应用,包括如下三类：

① 紧急/优先状态(Emergency/Priority)：用于标识紧急或优先级状态的相关信息,如非法侵入告警、油量供应不足等。

② 当前意图信息(Current Intent)：当前需要发布的飞机意图状态,包括目标高度、所期望的航迹等。

③ 航路意图信息：提供航路发生改变的相关意图信息,如当前航路改变意图信息、未来航路改变意图信息。

4) 分类号

用于标识参与者支持特定服务类别的能力,如基于驾驶舱交通信息显示的交通显示能力、冲突避免、精密进近等。

5) 其他种类信息

ADS-B 技术能够传送实施监视一方所需要的任何信息,随着技术的发展和各种新应用的引入,将需要更多种类的监视信息,ADS-B 技术将通过相应软硬件配置实现对任何所需信息的广播。

(2) ADS-B 的数据链

支持 ADS-B 的数据链应具备信道容量大、传输速率快且具有广播模式功能等特点,目前有三种数据链可满足 ADS-B 对数据通信的要求,即二次雷达 S 模式超长电文(1 090 MHz 扩展电文)、VDL 模式 4 和通用访问收发信机。

(3) ADS-B 的应用

ADS-B 可以支持不同高度层的飞行,应当慎重考虑其应用,确保从现有地基雷达监视和空中交通服务向飞机驾驶员逐步分担飞行计划执行和间隔保证的顺利过渡,机载 ADS-B 系统所需要的功能和性能将根据应用的不同而不同。ADS-B 的应用主要包括以下三个方面:

① 空-空监视:改善飞机避撞能力,提供驾驶舱交通信息显示。驾驶舱交通信息显示功能能显示相对于飞机自身位置的其他飞机的监视报告,结合存储在航空数据库中关于地形空域结构、障碍、详细机场地图以及与飞机效率、安全有关的其他静态信息,提供集成化的交通信息、气象信息及其他能够提高机组交通势态警觉的信息,同时也提供了先进的 ATM 服务。

② 地-空监视:航路、终端区、精密跑道监控。目前,地空监视主要靠一次和二次雷达。NAS 中,在航路和终端区,ADS-B 将成为雷达监视的有利补充。精密跑道监视能使飞机在仪表气象条件下独立进入平行跑道时,跑道的间隔最小,以当前可用的最精密的导航资源为基础的 ADS-B 将使精密跑道监控监视更精确。

③ 地-地监视:即场面监视,支持跑道、滑行道防撞功能。通过 ADS-B 能监视机场表面的交通形势,这对提高管制员的管制能力有重要的作用,特别是在能见度极低的情况下,管制员指挥交通的能力可以得到极大改善。

4.1.3 多点定位系统

MLAT 是一种基于应答机的监视系统。MLAT 系统不使用无线电波的反射来定位,而是使用多个接收机接收飞机的机载应答信号,利用应答信号到达接收机的时间差实现精准定位,并且根据应答码中的地址码对目标进行识别。系统由多个安装于机场场区的地面站组成,在同一时刻,至少 3 个地面站接收到同一目标的应答信号并进行解码后将数据送达目标处理器,目标处理器根据各个接收机的数据计算出目标位置,并且通过高刷新率来确定其运行轨迹,根据各目标的位置和运行轨迹,进行冲突预警及告警。

1. 系统组成

MLAT 系统由远端站、校标机、中心处理站、发射机、显示终端组成。远端站主要用于接受信号,解码信号,标定到达时间,选择接收信号传输;发射机主要用于发射询问信号;校标机提供可靠的系统同步和系统内部测试;中心处理站用于综合远端站信息,进行多径处理,计算目标位置,进行目标跟踪;显示终端用于软件显示、系统状态监控、系统启动和系统控制等。

MLAT 系统的特点是:

① MLAT 系统能自己识别目标,由于它接收的是目标应答机信号,应答信号中包含飞机的高度、速度、识别信息,通过解码,便可对目标进行识别,而不需要人工匹配或与二次雷达相关。它的兼容性强,可以支持任何机载应答机,兼容 A/C、S 模式。

② MLAT 系统采用非旋转天线,其刷新率得到提高,并且可以人工设置扫描速率,重点监视重要区域。由于它的定位精度高,故其广域空中定位精度可在 20 m 以内,地面精度可在 7 m 以内。

③ 覆盖广、容量大,可以通过在盲区增加接收机,消除盲区,理论上可以实现 100% 全面覆

盖。并且,可以同时监视处理多于 500 个目标。

④ 抗干扰性强,可以全天候工作。

⑤ 只须在车辆上安装相应的应答机,便可对车辆进行全面监视。

⑥ 强大的软件功能可以对场面上所有飞机、车辆进行实时监控,可以提供冲撞告警、区域侵入告警、跑道侵入告警、滑行道或停机坪侵入告警,还可以提供冲撞预测、监控、解决方案。

⑦ 成本低,易安装。由于 MLAT 系统只有很小的室外机箱和非旋转天线,其投资成本不及目前所使用的场监雷达的 1/3,可以很容易地安装在塔台、通信塔、跑道及其他建筑上。

2. MLAT 定位原理

MLAT 系统采用时间差定位方式实现位置解算,一般情况下不在同一平面的 4 站可以确定目标的三维信息。影响 MLAT 定位精度的因素主要有时钟同步和几何精度因子(Geometric Dilution Precision,GDOP)。

(1) 时钟同步

时钟同步是指将各站的时钟同步起来,同步方式主要有应答机同步、卫星同步、原子钟同步 3 种。MLAT 系统的同步是采用以下办法来实现的:校标机通过接收机获得系统标准的时间,所有地面接收站接收到校标机提供的时间信号后,由目标处理单元将所有地面接收站的时钟进行同步。而对于应答信号的时间差的准确计算则依靠时间戳技术来实现其精确性和唯一性。即在接收应答信号之后,将信号传送至目标处理单元前加入 GNSS 标准时间。目标处理单元根据接收到应答信号的时间,接收站至目标处理单元时间的时间偏移量,便可精确地计算出应答信号之间的时间差。

(2) 几何精度因子(GDOP)

由于应答机和接收站之间的 2 个时钟不可避免地存在误差,且信号在大气传播过程中受折射的影响,因此,这样测出来的距离并非真正的距离,这种距离称做伪距。伪距与真距之间的差即伪距误差。而 GDOP 可以放大伪距误差,从而影响定位精度。GDOP 是衡量定位精度的一个很重要系数,它与设备无关,但它可以通过改变接收站的几何分布、接收站最优选取的方法进行有效降低。在不增加接收站数量的基础上一般采用星形、多边形布站的方法,同时通过使用相应的 GDOP 分析软件优化布站方案。

解决时钟同步问题和有效降低几何精度因子可使得 MLAT 系统精度达到 3 m,完全满足空中交通管制要求,并且极大提高了安全性。

4.1.4 PBS

国际民航组织在 9896 号文《基于性能的通信和监视手册》中给出了 PBS 的定义。PBS 是面向 ATS 的监视性能标准,为评估不同的监视技术提供了客观的运行标准,适用于所有 ATS 系统,支持未来的监视技术与运行方式。

PBS 的实施框架如下:

① 计划:根据特定空域的 ATS 需求,确定要实施的通信和监视能力;

② 批准:所需的通信和监视能力的实施,包括机载设备的装备;

③ 监视:监视实际的通信和监视性能,评估是否满足标准,确定改正措施。

PBS 的核心技术是所需监视性能。RSP 定义了监视系统性能的高层需求,由运行需求得出,而不是基于特定的监视技术,涵盖地面和机载系统,支持特定的 ATM 应用。RSP 性能参数包括以下几个：

① 监视数据传输时间：监视数据送达所需的时间；
② 连续性：监视数据在所要求的时间内成功送达的概率；
③ 可用性：在需要的时候，监视数据可被提供的概率；
④ 完好性：监视数据的送达不含有未被检测的故障的概率。

4.2 多源协同监视

多源协同监视技术依靠雷达和 ADS-B(或者 MLAT)采集监视信息，通过多种监视数据间的协议转换、融合处理和交通信息广播服务共同完成空中交通的监视。多源协同监视技术主要涉及雷达航迹处理、ADS-B 航迹处理、两者的融合处理以及广播式交通信息服务(Traffic Information Service-Broadcast，TIS-B)等关键技术。

4.2.1 多源协同监视技术原理

随着航空运输需求的不断增长，许多国家和地区的枢纽机场和主干航路交通状况日渐复杂，空管系统的安全和效率受到严峻挑战。一方面，传统雷达监视系统具有航迹精度低、更新周期长及覆盖范围存在盲区等缺点，难以满足未来航空运输系统的需求；另一方面，全球卫星导航技术的发展能够大大提高航空器的定位精度和效率，基于卫星定位的广播式自动相关监视技术逐步发展起来。ICAO 明确指出新一代监视系统的关键是广播式自动相关监视系统。ADS-B 技术将逐渐取代雷达成为未来空中交通态势监视的主要手段。然而，由于 ADS-B 是一种新型监视技术，它的推广应用还需要很长的时间，所以在未来一段时间内必然出现 ADS-B 与雷达共存的局面。于是，一种依靠多种技术共同监视空中目标的新型监视技术，即多源协同监视技术出现了。

归纳雷达系统和 ADS-B 系统的各自特点，两者均存在一定局限性，无法完全满足空中交通管理系统的要求。雷达系统的局限性主要表现在：单站覆盖范围有限，雷达波的直线传播形成了大量盲区，一次航管雷达只能覆盖大型民用机场周边地区，无法覆盖海洋和荒漠等地区；多个雷达之间的一致性较差，且定位精度随着目标与雷达站之间距离的增大而降低；低空监视能力更差；只能获得目标的方位和距离信息，无法获得飞机的计划航线、速度等态势数据；数据更新率受天线的旋转速度的限制。这些不足都限制了跟踪精度的提高和短期冲突检测告警的能力。与之相比，ADS-B 技术能够在无法部署航管雷达的大陆地区为飞机提供优于雷达间隔标准的虚拟雷达管制服务；在雷达覆盖地区，可以在不增加雷达设备的基础上以较低代价增强雷达的系统监视能力，提高航路乃至终端区的飞行容量。ADS-B 设备的优点是精度高，基本不受气象的影响，成本低，可以在视距内对目标进行定位；但该系统的定位全部依赖于全球卫星定位系统，并且只能对合作目标定位。

多源协同监视技术是在 ADS-B 航迹与雷达航迹共存的条件下，对 ADS-B 与雷达航迹进行滤波处理、融合加工，得到两者的融合航迹。航迹融合的目的是利用不同航迹的信息冗余生成精准的系统航迹。

图 4-4 是多源协同监视系统原理图。多源协同监视系统由雷达站、ADS-B 地面站、机载应答机、TIS-B 系统、航迹融合系统、空中交通管制系统以及卫星导航系统组成。雷达站通

过无线电测距获得目标监视信息;ADS-B地面站和导航卫星共同完成目标的导航定位并获取监视信息;TIS-B系统收集来自雷达和ADS-B的监视信息,通过协议转换和航迹融合完成空中交通态势的合成,生成空中交通态势报告,并进行空中交通广播服务;航迹融合系统接收来自雷达站和ADS-B地面站的监视信息,并将不同的监视信息进行融合处理,得到精准的系统航迹;空中交通管制系统通过雷达和ADS-B对空中交通进行管制。

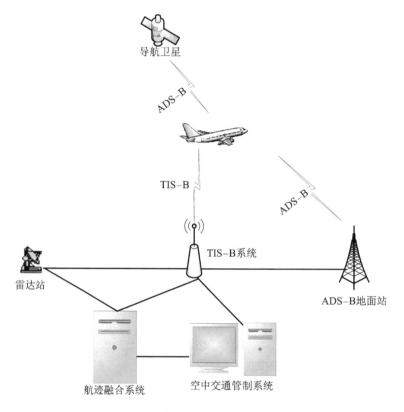

图 4-4 多源协同监视系统原理图

多源协同监视技术的优点在于能够综合利用各种监视信息间的相关性和互补性,完成对空中交通的全面监视,提高监视系统精度和覆盖范围。

4.2.2 多源协同监视航迹融合技术

多源协同监视航迹融合一般包括如下几个步骤。

(1) 系统误差配准

系统误差配准是数据融合前的一个重要步骤。随机误差来源于随机观测噪声和目标的随机机动,而系统误差则来源于雷达本身的测角和测距精度。由于ADS所用的导航方式在进行坐标变换时采用了一些近似,以及坐标变换算法本身存在一定的精度偏差等,本地的跟踪和中心的数据融合都是以均方估计准则来消除随机误差的,系统误差使观测数据相对真实值产生固定的偏移,对系统误差的消除要求计算出系统误差的估值,然后再对测量数据进行一次性配准。

具体方法可以以现有多雷达系统中的误差配准方法为基础,充分考虑引入ADS-B后新老融合模型的异同,利用 ADS-B 和雷达对同一组目标的测量值构造方程组,并求其最小平方解,以获得系统误差的最优估计。仿真试验表明该方法对消除 ADS-B 与雷达融合系统中的数据源系统误差行之有效。

(2) 航迹关联

当多个传感器同时对同一区域进行观测,且每个传感器均有各自的数据处理系统(即跟踪系统)时,进行航迹融合首先需要判断来自多个传感器的航迹是否代表同一个目标,这就产生了航迹关联问题。

假设目标状态由卡尔曼滤波器来估计,并在"来自多个传感器的目标状态估计代表同一个目标"的前提下,对各估计值的两两之差进行假设检验,其中,代表同一目标的状态估计值之间是不相关的假设是不实际的。进一步研究表明,如果来自不同传感器的航迹代表同一目标,则相同的过程噪声将被引入各个传感器跟踪子系统的递推滤波之中去。由此可知,来自不同传感器的代表同一目标的航迹,其估计误差是相关的。

系统航迹一旦产生,将会把系统航迹与现有的飞行计划相关联。当航迹包含二次代码时,这种关联基于二次代码和飞行计划,航迹标牌将显示来自飞行计划的航班号。当飞行计划和来自 ADS-B 的下行飞机数据不一致时,航迹标牌将显示告警。另一方面,当系统航迹仅由 ADS-B 产生,并且不能成功地与飞行计划相关时,航迹标牌也会有告警,提示飞行员没有将正确的飞行计划输入 ADS-B 应答机。

当一个系统航迹仅由 ADS-B 报告产生,基于二次代码和飞行计划的关联准则不再适用。在这种情况下,系统从飞行计划中的航空公司和飞机注册号来确定相应的 ICAO 24 比特 ID。一旦确认 24 比特 ID,多传感器航迹将用 24 比特 ID 代替二次代码与飞行计划进行关联。

从理论上来讲,利用整个时间段内的全部数据进行相关检验应该是最优的,但这给实时跟踪带来了困难。鉴于此,一般只根据最新数据完成检验。

设 $\hat{X}_i(k|k)$ 为 k 时刻来自传感器 i 的目标状态估计,$\hat{X}_j(k|k)$ 为同一时刻来自传感器 j 的目标状态估计,相应的协方差分别为 $P_i(k|k)$ 和 $P_j(k|k)$。当 $\hat{X}_i(k|k)$ 和 $\hat{X}_j(k|k)$ 来自同一目标时,两者具备相关性,用互协方差为 $P_{ij}(k|k)$ 表示。记

$$\hat{\Delta}_{ij}(k|k) = \hat{X}_i(k|k) - \hat{X}_j(k|k)$$
$$\Delta_{ij}(k|k) = X_i(k|k) - X_j(k|k)$$

$\hat{\Delta}_{ij}(k|k)$ 为 $\Delta_{ij}(k|k)$ 的估计,其中,X_i 和 X_j 分别代表相应的真实状态。假若 $\hat{X}_i(k|k)$ 和 $\hat{X}_j(k|k)$ 代表相同目标,应有

$$\Delta_{ij}(k|k) = 0$$

反之

$$\Delta_{ij}(k|k) \neq 0$$

于是可作假设检验:

$$H_0: \Delta_{ij}(k|k) = 0$$
$$H_1: \Delta_{ij}(k|k) \neq 0$$

因此,当 H_0 成立时,表示同一航迹;当 H_0 不成立,即 H_1 成立时,表示不同航迹。实际上 $\Delta_{ij}(k|k)$ 无法得到,但可以得到 $\hat{\Delta}_{ij}(k|k)$,因此在具体计算时,可以利用 $\hat{\Delta}_{ij}(k|k)$,为此令

$$\tilde{\Delta}_{ij}(k\mid k) = \Delta_{ij}(k\mid k) - \hat{\Delta}_{ij}(k\mid k)$$
$$= [X_i(k\mid k) - X_j(k\mid k)] - [\hat{X}_i(k\mid k) - \hat{X}_j(k\mid k)]$$
$$= [X_i(k\mid k) - \hat{X}_i(k\mid k)] - [X_j(k\mid k) - \hat{X}_j(k\mid k)]$$
$$= \tilde{X}_i(k\mid k) - \tilde{X}_j(k\mid k)$$

则有
$$T_{ij}(k\mid k) = \mathrm{var}[\tilde{\Delta}_{ij}(k\mid k)]$$
$$= E\{\tilde{\Delta}_{ij}(k\mid k)\tilde{\Delta}_{ij}(k\mid k)^\mathrm{T}\}$$
$$= E\{[\tilde{X}_i(k\mid k) - \tilde{X}_j(k\mid k)][\tilde{X}_i(k\mid k) - \tilde{X}_j(k\mid k)]^\mathrm{T}\}$$
$$= P_i(k\mid k) + P_j(k\mid k) - P_{ij}(k\mid k) - P_{ji}(k\mid k)$$

若 H_0 成立,则
$$\hat{\Delta}_{ij} = 0, \quad \tilde{\Delta}_{ij} = \hat{\Delta}_{ij}, \quad \mathrm{var}(\tilde{\Delta}_{ij}) = \mathrm{var}(\hat{\Delta}_{ij})$$

于是可以认为 $\hat{\Delta}_{ij}$ 服从均值为零,方差为 $T_{ij}(k\mid k)$ 的高斯分布,从而有
$$d = \hat{\Delta}_{ij}(k\mid k)^\mathrm{T}[T_{ij}(k\mid k)]^{-1}\hat{\Delta}_{ij}(k\mid k)$$

服从具有 n 自由度的 χ^2 分布,此处,n 为状态 X 的维数。于是,对假设 H_0 与 H_1 的检验可描述为:如果 $d \leqslant \delta$,接受 H_0;否则,接受 H_1。

这里,阈值 δ 满足 $P(d > \delta \mid H_0) = \alpha$,其中 α 为一小概率。在确认了两航迹来自同一目标之后,便可采用下面将要阐述的航迹融合算法进行融合估计。

需要注意几点:

① 由于本地雷达各自有不同的扫描周期和同步时钟,除了统一的坐标空间外,还需要一个统一的时间基准,把所有航迹中的运动学参数都在时间轴上移动到一个周期性的时间点上。

② 本地雷达相互有共同的覆盖区,一个目标会在多个雷达航迹数据中出现,航迹关联就是要找出这些属于同一目标的系统航迹。可采用多信息多层次航迹关联法,其主要思路是充分利用所有可以利用的信息,以不同信息多次搜索关联。这些可利用的信息有:二次雷达应答码、经纬度位置信息、航迹号、高度、速度、航向等。由于同一目标在飞越两个地区时,航迹号和应答码都有可能会改变,所以单纯地利用某一信息来判断目标的相关性都是不准确的,需要利用不同信息多次搜索去关联。

③ 当被探测目标与探测器接收的回波之间的互属关系产生模糊时,就会产生数据关联问题。由于各种自然和人为干扰或不确定的存在,加之目标机动性能的提高以及目标控制性能的改善,使得编队及交叉运动更为密集,造成数据具有强烈的模糊及不确定性,因此对数据关联技术提出了很高的要求。

(3) 航迹融合

航迹融合将相互关联的系统航迹的各种数据融合起来,形成一个新的系统航迹。这就要求采用最佳的融合算法以减小不同地区系统航迹的估计误差,得到更加优化的系统航迹。航迹融合可以选择对观测值融合,也可以选择对目标状态融合,虽然对观测值进行融合的效果可能要好些,但是由于现在多雷达数据联网采用的多是分布式系统,因此一般采用对目标状态进行融合。首先对 ADS 点迹进行滤波处理,生成 ADS 航迹,同时对多雷达航迹进行融合处理生成多雷达航迹,航迹融合算法可以采用加权平均算法或线性最优估计理论。研究初期,人们将

量测的相互独立性误认为航迹也互不相关,直到 1986 年 Bar-Shalom 和 Campo 在原有的融合公式中引入了航迹的相关性,才使航迹融合理论进入了新的发展阶段,其中,互协方差矩阵的递推为该方法的实现奠定了良好的基础。

Bar-Shalom 和 Campo 从线性最小方差估计理论出发推导出了航迹融合的基本公式。假设 $X_i(k|k)$、$X_j(k|k)$ 分别为 k 时刻来自传感器 i、j 的状态估计,相应的协方差分别为 $P_i(k|k)$ 和 $P_j(k|k)$,互协方差为 $P_{ij}(k|k)$。这时,航迹融合的目的就是如何组合上述两个局部最优估计以得到更优的全局估计。航迹融合公式如下:

状态融合估计:

$$\hat{X}_f = \hat{X}_i + (P_i - P_{ij})(P_i + P_j - P_{ij} - P_{ji})^{-1}(\hat{X}_j - \hat{X}_i)$$

融合协方差:

$$P_f = P_i - (P_i - P_{ij})(P_i + P_j - P_{ij} - P_{ji})^{-1}(P_i - P_{ij})^T$$

4.2.3 多源协同监视技术应用情况

近年来,我国西部地区民航业迅猛发展,飞行流量呈现跨越式增长,这给本地区民航系统基础设施的建设提出了更高的要求。目前,民航通信和监视系统主要采用甚高频和雷达系统,但其在全国范围、尤其是西部地区还无法完全覆盖。雷达系统的建设对基础设施要求高、地面站建设和维护成本高,同时有供电、供水的要求,并且需要有人值守。但在我国西部地区,由于大面积高山、高原、荒漠和部分地区极其艰苦的地理生存环境,使得空管雷达系统地面台站的配套设施建设难以保证,大部分地区尚未实现雷达监视,空域只能依靠程序管制方式进行管理。基于该管理方式,管制员无法实时掌握飞行动态,无法高效地进行空中交通管制工作,无法确认失去或可能失去联系的航空器位置。上述空中交通管理潜在的危险因素,降低了航线空管工作的效率,极大地限制了西部航线飞行流量的增长,制约了西部民航的发展,使全国民航事业的发展出现了相对的区域性发展不平衡。

为了改善西部民航的现状,我们分别在成都、九寨两地建设了两个 ADS-B 地面站(含天馈单元、接收单元、数据处理单元、网络传输单元、监控工作站),每站建设一套 GPS 接收设备,并建设配套的供电、通信等设施,用来搜集相关数据。

成都九寨 ADS-B 应用监视项目包含两个部分,即九寨 ADS-B 监视系统和成都空管自动化应急系统 ADS-B 改造。这里以九寨 ADS-B 监视系统为例,说明系统功能设计。

九寨 ADS-B 监视系统是由 ADS-B 数据接入设备、ADS-B 数据处理服务器、记录仪、ADS-B 监视终端等部分组成,并通过局域网络连接构成一实时分布式应用系统,可完成从 ADS-B 数据接入、校验、解析、航迹管理、ADS-B 数据显示至 ADS-B 数据记录/回放的全业务流程功能;同时,与九寨原建设的单雷达、单监视终端系统进行合并,改造为具备飞行数据处理、ADS-B 数据处理、多雷达数据融合处理能力的双服务器、双监视席位、双网空管自动化系统,如图 4-5 所示。

系统由多雷达数据融合形成的系统航迹和 ADS-B 航迹进行融合,同时引入 ADS-B 选择性融合处理模块,优先使用由雷达数据形成的系统航迹。如果雷达的航迹数据在连续三个周期内没有得到更新,则进行自动切换,将 ADS-B 数据引入,作为监视数据。席位界面如图 4-6 所示。

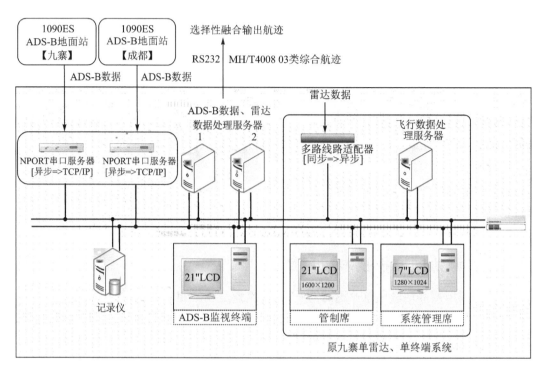

图 4-5 成都九寨 ADS-B 应用监视项目

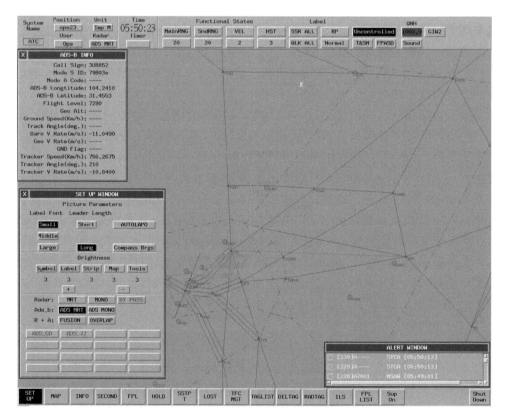

图 4-6 席位界面

4.3 机场场面监视

随着航空运输的发展,机场地面拥挤程度增加、飞机与飞机、飞机与车辆的冲突快速增长,需要增加场面活动区(增设机坪、滑行道等),并提升场面监视与引导能力,对机场滑行道、停机坪等地面上的活动目标(飞机、车辆等)进行监视和引导,避免相撞,保障顺畅。

4.3.1 A-SMGCS

先进场面活动引导与控制系统(Advanced Surface Movement Guidance and Control System,A-SMGCS)是国际上近年提出的一种解决机场安全、效率和容量问题的机场场面活动引导和控制新概念。A-SMGCS能够在全天候、高密度航班流量和复杂机场环境条件下,实现对机场场面运动的飞机和车辆进行实时监控和引导,从而有效地避免场面活动目标冲突的发生,显著增强机场安全保障能力,并由此减轻管制员、飞行员和车辆驾驶员在目视监视、冲突判断和路径选择等方面的工作负荷。机场在配备该系统后可以显著提高运行安全和效率,同时通过有效降低飞机地面滑行时间从而大幅度减少燃油消耗和二氧化碳排放。

根据ICAO手册9830中的规定,高级场面活动目标引导和控制系统(A-SMGCS)按照其功能可划分为5个级别,相应的系统要求如下:

Ⅰ级:监视。空管员目视监测飞机和车辆的位置,人工指定运动路径。冲突预测/报警依靠管制员和驾驶员的目视观察。地面引导采用油漆中心线和滑行引导牌。没有场监雷达和助航灯光系统。

Ⅱ级:告警。空管员通过场监雷达屏幕监视飞机和车辆,冲突预测/报警由空管员通过场监雷达及管制员和驾驶员的目视观察完成。空管员人工指定路径。地面引导采用油漆中心线、滑行引导牌和恒定的中线灯。

Ⅲ级:自动路径选择。场监雷达系统自动监视飞机和车辆,并由系统自动给出运动路径。冲突预测/报警由系统、管制员和驾驶员共同完成。地面引导采用油漆中心线、滑行引导牌和单灯控制的中线灯,但中线灯由空管员人工开关。

Ⅳ级:自动引导。在Ⅲ级的基础上,中线灯完全由系统自动控制,实现自动的滑行引导。

Ⅴ级:Ⅴ级标准通常适用于最低能见度条件下(RVR等于或小于75 m的能见度)。此时系统在Ⅳ级的基础上,要求在飞机和车辆上装载相关设备(具备相应的地-空数据链)。

A-SMGCS系统在工作时具有与ATM无缝交接的性能。当飞机低于500 ft时,终端控制区系统自动把对飞机的管制权交给A-SMGCS,使机场在飞机降落/起飞时对其进行连续管制,以无缝转交管制权。A-SMGCS与机场的其他一些系统接口来获取信息才能运行。它与SSR二次雷达接口,得到飞机的识别码信息,然后对飞机自动挂牌。它与飞行管理系统接口,得到机场中车辆和障碍物的位置信息,使管制员全面掌握机场场面的交通状况。A-SMGCS与机场的其他系统接口,利用软件进行数据融合,使多个系统能够协调运行。A-SMGCS具有路径规划和滑行引导的高级功能,当飞机在机场中滑行时能给与飞机路径规划和滑行引导。A-SMGCS还具有冲突告警功能和跑道占用告警功能,进一步保障了机场的地面交通安全。A-SMGCS作为目前先进的机场监视管理系统,已经在法兰克福机场、里昂机场、斯图加特机场、瓦赛等机场投入使用。

4.3.2 机场场面监视的典型应用

北京航空航天大学在民航机场开展了北斗导航系统与 AeroMACS 结合的机场场面监视应用。通过在机场区域的 2 个站址建设 3 个 AeroMACS 地面基站，实现对机场跑道、滑行道和停机位区域的基本覆盖；在 1 个站址建设北斗地面增强站，实现对机场全区域的北斗高精度定位服务；对机场场面引导车进行 AeroMACS 和北斗终端的加、改装，实现场面运行车辆监视与导航服务。基于北斗导航系统和 AeroMACS 的机场场面监视系统包含位于机场运控部门的引导车派工系统和位于机场场面引导车中的车辆版滑行引导系统。

1. 引导车派工系统

引导车派工系统面向机场运控工作人员，部署于机场运控部门。机场管理人员可使用引导车派工系统查看场面航空器及车辆运行态势信息，同时提供输入滑行引导指令、手绘围栏信息、关键道路监控等功能。引导车派工系统通过 AeroMACS 向场内引导车驾驶员车辆版滑行引导终端实时推送滑行辅助信息及各类由机场管理人员发布的指令信息，实现滑行路线图形化，并提供冲突告警、跑道入侵告警、机位告警等各类告警功能。

（1）监视功能

引导车派工系统提供机场布局静态信息显示功能，基于地理信息系统引擎建立引导车派工系统场面引导车监视界面，提供机场布局静态数据绘制，实现跑道、滑行道、停机位、滑行道中心线、滑行道标识牌等要素显示。系统提供机场场面航空器、车辆态势信息显示功能。基于 ADS-B 和航班计划、机位等信息实时显示场面航空器位置监控数据，引导车派工系统可依据位置监控数据实时更新场面航空器位置，提供目标引导航空器航班号、机型、跑道等数据显示；系统基于北斗导航系统获取场面引导车、拖车、旅客服务车等保障车辆精准定位信息后，实时显示场面车辆位置监控数据，提供车辆驾驶员、驾驶员联系信息、车号、车型等内容显示功能。监视功能如图 4-7 所示。

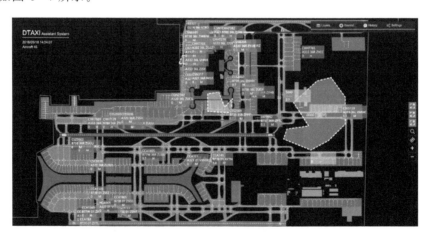

图 4-7 监视功能示意图

（2）引导功能

引导车派工系统提供车辆派工功能，在引导车派工系统引导车监视界面中可选择指定引导车，并为其指派目标引导航空器，系统将自动对该引导车与目标引导航空器进行连线，并通过 AeroMACS 将指派航空器信息推送至指定引导车内的车辆版滑行引导终端,实现机场运控管理人员和场内引导车驾驶员共同情景意识。系统提供为指定航空器设置规划路由功能。机场运控管理人员可在系统中选择指定航空器,并输入该航空器从起始/终止停机位、跑道途经滑行道标号序列及等待点位置,系统将通过 AeroMACS 将该规划路由信息推送至指定引导车中的滑行引导终端。接收到目标航空器规划路由信息的车辆版滑行引导终端将在地图上自动标识出该规划路由,依据自身位置及规划路由进行实时导航,并结合自身位置、规划路由、滑行速度,对以自身位置为中心,保护半径内的航空器、车辆位置、限制区等信息做出冲突提示,从而有效地预防各种可能发生的交通冲突和跑道的入侵等恶性事故。

（3）控制功能

引导车派工系统提供电子围栏发布功能。用户可通过本系统在场面上设置电子围栏,对于进入围栏内的航空器、引导车将给出告警提示,并将处于发布状态的电子围栏信息通过 AeroMACS 推送至场内所有引导车滑行引导终端。对于误入电子围栏内的车辆、航空器将给出告警提示。系统提供短消息发送功能。用户可通过本系统向指定引导车驾驶员发送短消息,该消息将通过 AeroMACS 推送至场内指定车辆滑行引导终端。系统提供关键道路监控功能。用户可通过本系统为场内关键道路设置监控区域,并将关键道路监控信息通过 AeroMACS 推送至场内所有引导车滑行引导终端,对于误入监控区域的车辆、航空器将给出告警提示,从而提高机场运行安全,减少人为的不安全因素。

（4）告警功能

引导车派工系统提供查道车告警功能。当某条跑道需要进行查道作业时,用户可通过本系统将该跑道设置为查道状态,该查道信息将基于 AeroMACS 同步推送至场内所有车辆版、飞行员版滑行引导终端中,当处于查道状态的跑道保护范围内出现其余航空器时,系统将在引导车派工系统上给出告警提示,该告警信息将同时推送至位于场内处于查道作业的车辆版滑行引导终端并触发该告警的飞行员版滑行引导终端,实现机场运控管理人员、场内查道车驾驶员、机组共同情景意识。

系统提供机位停机细则与航空器机型复核功能。若某降落航班计划停机位停机细则与当前机型不符,将给出告警提示,同时该告警信息将推送至该航班滑行引导终端。系统提供场面冲突告警功能。系统依据机型为每一架航空器设置距离圈,当航空器、车辆间距小于指定阈值后,系统将给出告警,从而有效防范跑道侵入,减少滑行冲突。

（5）分析功能

引导车派工系统提供历史数据复盘功能,可保存近两周场面航空器、引导车运行态势,记录本场航班地面滑行路线和时间节点信息,可按关键词检索,可查询指定航班及相应引导车历史滑行轨迹、规划路由、引导车驾驶员等信息,并可对历史航迹进行推演、保存、录制。系统提供工时统计功能。可依据车号、引导车驾驶员进行指定时段工时统计,提供实际引导时长、工作时长、到位时间等信息统计功能,从而有效实现节能减排,为科学合理调配人力、设备提供决策依据。

2. 车辆版滑行引导系统

车辆版滑行引导系统面向机场场面引导车驾驶员,基于 Apple iPad 开发,部署于场内引导车中,与 AeroMACS 车载终端通过 AP 相连,利用覆盖机场跑道、滑行道、停机位的 AeroMACS 网络,实时获取场面车辆、航空器运行态势信息,接收由管制或位于运控部门的引导车派工系统发布的航空器滑行路由指令、目标航空器关联指令,并结合自身位置进行实时导航、告警服务。

(1) 场面态势查看功能

车辆版滑行引导终端提供机场布局静态信息显示功能,基于地理信息系统引擎提供机场布局静态数据绘制,实现跑道、滑行道、停机位、滑行道中心线、滑行道标识牌等要素显示。系统提供机场场面航空器、车辆态势信息显示功能。基于 ADS-B 和航班计划、机位等信息实时显示场面航空器位置监控数据,车辆版滑行引导终端可依据位置监控数据实时更新场面航空器位置,提供目标引导航空器航班号、机型、跑道等数据显示;系统基于北斗导航系统获取场面引导车、拖车、旅客服务车等保障车辆精准定位信息后,实时显示场面车辆位置监控数据。

(2) 引导功能

车辆版滑行引导终端可实时接收由引导车派工系统发布的航空器关联信息,当接收到关联信息时,自动将当前车辆与指定待引导航空器连线,从而大幅度提升低能见度下车辆驾驶员的生产效率和运行安全。系统可实时获取由管制部门或引导车派工系统发布的待引导航班滑行路由序列,在地图上自动标识出该规划路由,依据自身位置及规划路由进行实时导航,并结合自身位置、规划路由、滑行速度,对以自身位置为中心,保护半径内的航空器、车辆位置、限制区等信息做出冲突提示,从而有效预防各种可能发生的交通冲突和跑道的入侵等恶性事故。

(3) 告警功能

车辆版滑行引导终端提供查道车告警功能。当某条跑道需要进行查道作业时,用户可通过本系统将该跑道设置为查道状态,当处于查道状态的跑道保护范围内出现其余航空器时,系统将给出告警提示。系统提供机位停机细则与航空器机型复核功能。若待引导航班计划停机位停机细则与当前机型不符,将给出告警提示。此外,系统可实时提供自身位置周边航空器、限制区滑行道交叉结点、跑道穿越停止线、障碍物等信息提醒功能,实现以自身位置为中心,保护半径内各类告警冲突的实时提示,并具备航空器冲突、限制区、前机尾流、跑道冲突等告警功能。

思考题

1. 在工作方式上,二次雷达与一次雷达有什么不同,各有哪些特点?
2. 简述 ADS 系统的概念、组成及其特点。
3. 对 ADS-C 和 ADS-B 进行比较,同时总结 ADS-B 在飞机数据链应用方面的特点。
4. 简述基于 VHF 数据链的 ADS 系统的组成。对基于 ADS 的 ATC 系统有哪些基本要求?
5. ADS-C 支持几种合同?并对其中一种作解释。
6. 测量系统坐标转换时,应如何选择坐标系,大地坐标是如何转化成空间直角坐标的?
7. ADS 信息处理中,可以使用哪些模型?分别进行说明。
8. 简述 ADS 数据与雷达数据的融合处理方法。

第5章 空中交通服务

ATS 是为航空器安全和有效地实施飞行提供的综合保障服务,是空中交通管制服务(区域管制服务、进近管制服务或机场管制服务)、飞行情报服务、航空气象服务、告警服务、空中交通咨询服务的通称。在航空器飞行全阶段,通过提供空中交通服务能够加速和维护空中交通有秩序地流动。本章介绍空中交通服务的基本概念,讨论数字化管制服务、广域信息管理系统这两种新型 ATS 技术手段的基本原理。

> 知识点
> - 空中交通管制服务的基本概念
> - 空中交通管制服务的分类
> - 数字化管制服务的内涵与方法
> - 广域信息管理的体系架构
> - 广域信息管理的信息交换标准

5.1 概　述

本节具体介绍空中交通管制服务、飞行情报服务和航空气象服务的基本组成、业务分类、工作范围和技术手段。

5.1.1 空中交通管制服务

空中交通管制服务对航空器飞行提供管制指挥服务的活动,目的是维护飞行秩序,防止航空器与航空器、航空器与地面障碍物相撞,确保飞行安全。空中交通管制的主要任务包括,掌握飞行任务、飞行计划、天气情况、空管设备运行情况以及各项保障工作情况;掌握飞行动态,配备飞行间隔,及时向飞行员通报有关的空中情况和监督其按照批准的计划飞行,协助飞行员正确处置空中特殊情况。

1. 按管制范围划分

按照管制范围的不同,空中交通管制服务可分为区域管制、进近管制和机场管制;按照管制手段的不同,划分为传统的程序管制、雷达管制以及新技术下的数字化管制手段。

(1) 区域管制

飞行在航路上的航空器由区域管制中心(Area Control Center,ACC)负责提供空中交通管制服务,每一个 ACC 负责一定区域上空航路、航线网的空中交通管理。区域管制的服务对象主要是在大范围内运行的飞行高度 6 000 m 以上的航空器。

区域管制员的任务是根据航空器的飞行计划,批准航空器在其管制区内的飞行,保证飞行的间隔,之后把航空器移交到相邻空域,或把到达目的地的航空器移交给进近管制。在繁忙的空域,ACC 把空域分成几个扇区,每个扇区只负责特定部分空域或特定的几条航路上的管制。区域管制员依靠空-地通信、地面通信和远程雷达确定航空器的位置,按照规定的程序调度航空器,保持航空器的飞行的间隔和顺序。

(2) 进近管制

进近管制的范围称为进近控制区,它在位置上下接机场管制区,上接航路管制区。由于交接的需要,几个区域之间存在部分重叠,一般范围大约在机场 90 km 半径之内,高度在 5 000 m 以下。

进近管制员负责塔台管制员和区域管制员的中间环节,主要负责航空器的离场进入航线和进近着陆。进近阶段是飞行事故的多发区,因此必须做好衔接,必要时还要分担塔台和区域管制的部分工作。进近管制员需要向航空器提供进近管制服务、飞行情报服务和防撞告警。由于进近管制的对象是按仪表飞行规则(Instrument Flight Rules,IFR)飞行的航空器,因此进近管制员依靠无线电通信和雷达设备来监控航空器。

(3) 机场管制

机场管制服务的范围是:航空器在机场管制区的空中飞行;航空器的起飞和降落;航空器在机坪上的运动;防止航空器在运动中与地面车辆和地面障碍物碰撞。较大的机场塔台把管制任务分为两部分,分别由机场地面交通管制员和空中交通管制员负责。

由于机场管制服务由机场管制塔台提供,因此管制员也称为塔台管制员。他们主要靠目视来监控航空器在机场上空和地面的运动。近年来,机场地面监视雷达的使用使管制员的工作质量和效率有很大提高。

机场地面交通管制员负责管制跑道之外的机场地面(包括滑行道和机坪)上所有航空器的运动。在繁忙机场的机坪上可能同时有几架航空器在运动,此外还有各种车辆、行人的移动。地面交通管制员负责给出航空器的发动机启动许可及进入滑行道许可。对于到达的航空器,当航空器滑出跑道进入滑行道后,由地面管制员安排航空器运行至停机坪。

机场空中交通管制员的责任包括对航空器进入跑道后的运动以及按照目视飞行规则在机场控制的起落航线上的飞行实施交通管制。其任务是给出起飞或着陆的许可,引导在起落航线上准备起飞或者着陆的航空器,并且安排航空器的起降顺序及合理的航空器放行间隔,以保证飞行安全。

2. 按管制手段划分

(1) 程序管制

程序管制是 20 世纪 30 年代为适应无线电管制方式而制定的最初的管制规则。当航空器在管制航路飞行时,飞行员将飞行位置报告给无线电站话务员,话务员用电话或电报将飞行位置转达给管制中心。在管制中心,管制员接收各航站发来的飞行计划,再根据飞行员的位置报告将其填写在飞行进程单上,用条形纸表示航空器,在航图上移动,然后确定航空器间的相互位置关系,更新航空器位置,推测并判断航空器间是否存在潜在的碰撞危险,向飞行员发送指挥命令,实施航空器之间的安全间隔管制。这种管制方式经过不断改进已经成为一种典型的空管运行模式,在实际应用中取得了巨大成功。到目前为止,在海洋、荒漠等陆基监视保障能力不足的地区仍在使用程序管制。

主要管制流程如下:

① 放行管制,又称放行许可,负责对包括飞行目的地、使用跑道、飞行计划航路、巡航高度、离场程序、应答机编码的确认管理,有时还应该包括起始高度、离场频率、特殊要求等。获准放行许可后,航空器开始进起飞前准备、上客、装货、加油等运行流程,上述流程进行完毕

后,航空器发出请求推出许可,并按规定与相关管制单位协调以及移交管制。

② 地面管制负责对航空器推出、发动机启动、地面牵引或滑行进行管理。地面滑行管理主要包括对所使用的滑行、滑行速度、滑行间距、跑道编号、等待位置等的管理,负责引导航空器滑行至指定的停机位置,并按规定与相关管制单位协调以及移交管制。

③ 塔台管制负责对航空器起飞、爬升、下降和着陆进行管理。塔台管制要合理调配和控制航空器之间的间隔,准确发布起飞、上升、下降、着陆等管制指令,并按规定和协议实施管制协调和移交等。

④ 进近管制负责航路空域和机场空域之间的飞行转换管理。离场管制负责对起飞离场加入航路的航空器提供空中交通管制服务。一般有一套标准离场程序,在这套程序中包括航空器飞离机场时的航向、高度、转弯地点、时间等信息。管制员仅须控制航空器的飞行间隔,航空器按照这个程序就可以飞离机场进入航线。进近管制负责对进场着陆的航空器提供空中交通管制服务,在航空器准备从航路上下降时,管制员把航空器引导到仪表着陆系统的作用范围内,并移交给塔台管制员。也可以设计一套标准进场程序,使航空器可以按照一条标准路线进近,驾驶员使用某个机场时必须预先熟悉它的标准离场、进场程序。进近管制工作比较繁忙,一般大型机场都有几位进近管制员同时提供进近管制服务。

⑤ 区域管制又称区调,负责向本管制区内受管制的航空器提供空中交通管制服务,其负责管理的空域面积大,需要对空军计划、航班动态、资源管理、航行情报、气象情报、卫星云图、通航计划等信息进行管理。其中航班动态主要包括航空器的航班号、离地面的高度、地速和目的地机场等。

(2) 雷达管制

20 世纪 60 年代,空中交通管制服务引入计算机技术,通过增强自动化处理能力,提高了空管运行效率。在此基础上,ICAO 制定了适应当时技术发展水平的雷达管制规则。雷达管制主要依靠计算机自动处理多个雷达站点发送的航空器实时信息,并清晰地显示出所有飞行相关信息,包括飞行高度、地速和航空器标识等。管制员以雷达监视信息为基础,通过外推航空器未来的飞行航迹,判断是否存在潜在的飞行冲突,并向飞行员发布飞行指令,避免碰撞危险。目前,雷达管制仍然是空管运行的主要模式,在世界范围内得到广泛的应用。

① 航空器识别与管制移交:管制员通过一次雷达、二次雷达对航空器进行身份识别,判断航空器定位点与位置报告是否一致,或者在雷达标牌上直接读取具有 S 模式设备航空器标志。完成识别后,当航空器即将飞离本管制区时,管制系统出现黄色闪烁并有音响和字符提示,若管制员同意移交,则按移交键自动生成一份管制移交报,自动移交开始。或目标飞过移交线后,系统自动提示管制员人工确认管制移交。一旦人工/自动移交完成,该目标的标牌就变成简标牌,相应的飞行计划也过渡到终止状态。

② 保持安全间隔:雷达管制在确保飞行安全的同时减小了飞行安全间隔,最小水平间隔仅仅为 20 km,而程序管制则需要 150 km,空域利用率显著提高。当航空器间隔小于规定值,管制系统根据航空器的航迹高度、位置、速度、航向等信息判别两架航空器是否在未来一定时间内超出规定的飞行安全间隔,如果超标,则认为可能发生潜在冲突,向管制员发出告警,由管制员对航空器实施引导,避免冲突。

③ 雷达引导:管制员可要求航空器根据有关当局规定的条件,通过指定航向引导航空器到达确定的位置点或者高度层,缩短飞行航径,避免冲突。例如,管制员指定航路飞行阶段的

飞入航路或高度层,进近阶段指定即将使用的跑道、适用的超障高度/相对高度、标称下滑航径的角度等。

④ 调整速度:管制员可要求航空器根据有关当局规定的条件,以规定的方式调整其速度或者爬升和下降率。为了在两架或更多相继飞行的航空器之间建立理想的间距,管制员既可以先降低后一架航空器的速度,亦可以先增加前序航空器的速度,然后再调整其他航空器的速度。垂直速度控制可适用于两架正在爬升的航空器或者两架正在下降的航空器,以便使其建立或保持一个特定的最低垂直间隔。应避免频繁改变爬升/下降率的指令。

(3) 数字化管制

传统管制方式采用话音管制,由于语音电台频率拥塞、通话低效、话音通信差错率高,存在"错忘漏"等问题,现阶段已难以保障大型机场和繁忙航路高密度安全运行。基于空地数据链安全通信,在飞行全阶段提供管制指令空地同步、飞行信息按需提取、飞行和管制意图共享等服务,实现空地一体数字化协同管制服务,能够大幅减少管制员与飞行员的通信时间,减少频率占用,大幅提高空中交通管制服务安全和效率,因此,数字化管制成为解决上述瓶颈的关键技术之一。5.2 节将具体讨论数字化管制的基本原理。

5.1.2 飞行情报服务

飞行情报服务是为保障航空器安全和有效实施飞行而提供咨询和情报的一种服务。飞行情报服务由民航局指定的管制单位提供,并按照规定程序予以公布。航行情报包括航空法规、飞行规则、机场、空域、航路、飞行程序、通信导航设施、各种航空服务程序等资料和数据以及航空图,它是民用航空器飞行所依据的基本资料,也是航空公司航务部门组织飞行,民航空管单位实施空中交通管制、提供空中交通服务必需的情报资料。

(1) 飞行前航空情报服务

机场民用航空情报单位的飞行前航空情报服务主要包括飞行前资料公告、讲解服务及资料查询。接受飞行前航空情报服务的单位应当与有关机场民用航空情报单位签订服务协议。服务协议应当明确双方的责任与义务、服务内容与方式等。机场民用航空情报单位的航空情报员应当于每日本机场飞行活动开始前 90 min 完成提供飞行前航空情报服务的各项准备工作。航空情报员认为有必要或者机组有要求时,应当提供讲解服务。

(2) 飞行后航空情报收集

机场民用航空情报单位应当收集机组飞行后对有关飞行保障设施工作情况的意见、鸟群活动等信息。机场民用航空情报单位收集到相关信息后,应当根据信息内容及时转告有关部门处理。有关部门应当及时核实有关情况,并将处理情况反馈给机场民用航空情报单位。

5.1.3 航空气象服务

航空气象服务是民用航空气象服务机构向民用航空气象用户提供气象情报的过程。民用航空气象服务分为基本气象服务和特定气象服务,一般通过航站 ATIS 和对空天气广播(Meteorological Information for Aircraft in Flight,VOLMET)等方式播出,有些时效性不强的机场情报是通过航行通告(Notices to Airman,NOTAM)的形式发布的,具体分为以下几种气象服务:

(1) 日常航空天气报告

日常航空天气报告是一种固定格式的常规航空天气报告,报告内容主要是机场视程范围内的天气实况。在没有 ATIS 或 VOLMET 的情况下,管制员在适当的时机主动向所有起落的航空器发布,或根据机长的要求发布 METAR 报。METAR 报应按顺序包含以下内容:报头、机场名称、时间、风向风速、能见度、跑道视程、重要天气现象、云量、云底高、云状、温度、露点、修正海平面气压、其他情报。

(2) 特选天气报

特选天气报是一个特选的固定格式气象报告,其内容是有关机场视程范围内的天气变化情况,特选天气报的接收对象是所有距起航空器场、目的机场和备降机场 1 h 航程内的航空器。特选天气报的格式与日常航空天气报告的格式相同。反映天气变坏的特选天气报应在观测后立即发布,而反映天气变好的特选天气报应在变化内容稳定 10 min 后发布。当一种天气要素转坏而伴有另一种要素转好时,必须发布一份单独的特选报告,这份报告必须作为一份转好的报告来对待。

(3) 航站天气预报

航站天气预报的接收对象是所有距起飞机场和备降机场一定航程内的航空器。航站天气预报应按顺序包含以下内容:报头、机场名称、有效时间、地面风向风速、能见度、天气现象、云量、云高、云状、颠簸、天气要素变化情况。

(4) 重要天气情报

重要天气情报是用明语编发的,反映在航路上出现或预计出现影响航空器安全运行的天气现象。这些天气现象包括雷雨、沙暴和尘暴。在遇到上述几种情况或由某种途径收到上述情报时,如这种严重天气可能会影响航空器及前方飞行,管制员应尽快向航空器通报。重要天气情报的格式应按顺序包含以下内容:报头、机场、情报编号、有效时间、天气现象、范围、地点、移动方向、发展趋势、其他。

(5) 机场危险天气警告

机场危险天气警告是对机场上要出现的或预计出现的危险天气现象的警告。管制员接到警告后立即向所有在该机场起降及在距离机场航程以内的航空器发出警告。

5.2 数字化管制服务

按管制实际业务需求和协议支持能力,数字化管制服务分为信息类服务和指令类服务。信息类服务即使用安全数据链通信发布各类管制服务信息,替代话音管制服务中大量重复性、程序性信息通报服务,大幅减少了管制员、飞行员工作负荷和频率拥塞,扩大了管制信息服务范围,提高了安全性和服务效率。指令类服务由管制员与飞行员直接交互,替代现有话音管制服务,避免由话音通信差错率高造成的"错忘漏"等问题。

5.2.1 信息类服务

信息类服务是指塔台起飞落地、终端区爬升降落、繁忙/非繁忙高空航路巡航等各飞行阶段的上下行信息服务。

上行信息服务包括:

① 飞行情报类:机场通波信息 D-ATIS、运行环境风险信息、运行个体风险信息、预计航班运行信息等。

② 流控类：预计起飞落地时间、预计等待时间、流控原因、预计航路高度限制/要求、航空器能力要求（如Ⅱ类精密进近）、过点时间限制/要求以及变更等。

③ 气象类：包括高空风温、D-VOLMET 等。

下行信息包括：

① 查询类：查询流控信息、查询气象信息、查询管制单位电话信息、当前频率、下一频率、电话、停机位等。

② 报告类：停机位、特殊时期安保状态、不宜/不能语音报告的特殊/紧急情况、飞行动态、飞行意图、航空器位置报告等。

③ 气象类：飞行员报告、自动气象数据和报告、颠簸、水汽等。

服务流程可分为以下两类：

① 飞行员请求订阅式（见图 5-1）：根据机组实际飞行需要按需发出请求，空管系统根据此前管制员预发布的管制信息进行自动、合约式应答，或将飞行员请求在空管系统界面中显示，由管制员经数据链提供信息服务反馈。

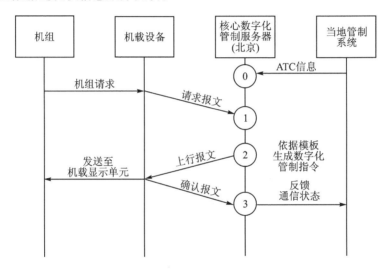

图 5-1 信息类-飞行员请求订阅式

② 管制员定制发布式（见图 5-2）：空管系统结合航班运行情况，结合管制员规定的航班所需管制信息类别和发布场景，根据航空器飞行计划和动态进行智能判断，自动或手动向相关的一个或多个飞行机组经由数据链提供实时管制信息服务。

5.2.2 指令类服务

指令类服务是指塔台起飞落地、终端区爬升降落、繁忙/非繁忙高空航路巡航等各飞行阶段的上下行管制指令服务，具体包括：航路上下行（RTEU、RTED）、横向上下行（LATU、LATD）、高度层上下行（LVLU、LVLD）、穿越限制上行（CSTU）、速度上下行（SPDU、SPDD）、空中交通咨询上下行（ADVU、ADVD）、话音通信上下行（COMU、COMD）、间距上下行（SPCU、SPCD）、紧急/应急上下行（EMGU、EMGD）、标准回答上下行（RSPU、RSPD）、补充上下行（SUPU、SUPD）、自由格式上下行（TXTU、TXTD）、管理系统上下行（SYSU、SUSD）等指令。

目前，中国民航 99 座以上民航航空器机载系统 97% 支持 AEEC623 协议，数字化指令服

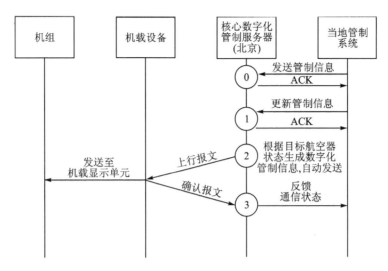

图 5-2 信息类-管制员定制发布式

务流程与欧美推行的 FANS 1/A、ATN B1 协议的 CPDLC 服务流程一致,指令类服务流程如图 5-3 所示。

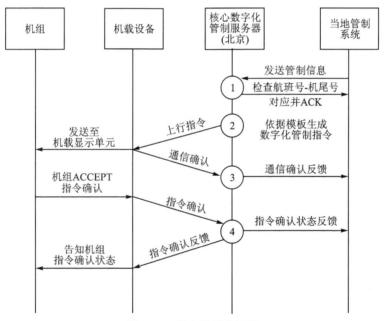

图 5-3 指令类服务流程

5.3 广域信息管理

广域信息管理(System Wide Information Management,SWIM)用于统一空中交通服务各类业务的信息交换,是支撑空中交通服务的信息平台,对于空中交通服务的科学决策支持及能力提升具有重要作用。

5.3.1 体系架构

国际民航组织对 SWIM 的互操作框架如图 5-4 所示，自下而上分别是：网络连接层、SWIM 基础设施层、信息交换模型层、信息交换服务层和 SWIM 支持的应用层，各层分别代表对应的互操作机制和标准。

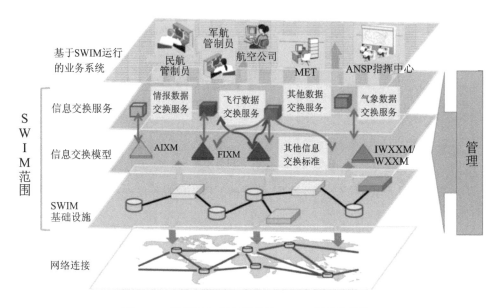

图 5-4　国际民航组织定义的 SWIM 互操作架构

面向空中交通服务的高效数据共享需求，我国民航 SWIM 发展主要针对以下目标：

① 空管高效数据共享平台对监视信息、气象信息、飞行信息、空域状态信息等信息数据交换进行有效的管理，采用标准格式的数据，完整、高效、连续、安全地提供给空管、航空公司、机场和非民航单位等利益相关方；

② 空管高效数据共享平台允许多用户访问使用从而提高共享运行效率；

③ 空管高效数据共享平台将通过策略与标准制定将现行的繁杂、零乱的数据交换模式转变为一个标准化、服务虚拟化的数据交换模式；

④ 设计出的空管高效数据共享平台必须是符合行业标准的平台；

⑤ 数据将通过全面的安全规则对用户开放，采用身份认证与访问控制安全策略以保障空管数据共享平台的安全运行。

我国民航 SWIM 系统架构包括系统的业务逻辑架构、物理架构、消息传递架构、安全架构、系统管理架构等，图 5-5 所示的这种架构方式采用企业服务总线（Enterprise Service Bus，ESB）产品实现 SWIM 核心服务来构建统一的 SWIM 核心服务平台。它将能实现 SWIM 功能架构中的消息传输服务、支持服务和交互服务等各项功能，以及服务注册、企业服务管理和统一的集成管理功能。由此 SWIM 核心服务提供的支持服务就可以帮助构建新的服务；服务注册和运行时服务定位等信息可以由企业服务管理功能实现同步和统一管理；可以提供更好的错误和性能监控功能；还可以提供集中的身份和密码管理、身份认证和授权决定等安全管理功能。但是这种架构所提供功能的复杂程度和集成程度与 SWIM 核心服务所使用的 ESB 产

第 5 章 空中交通服务

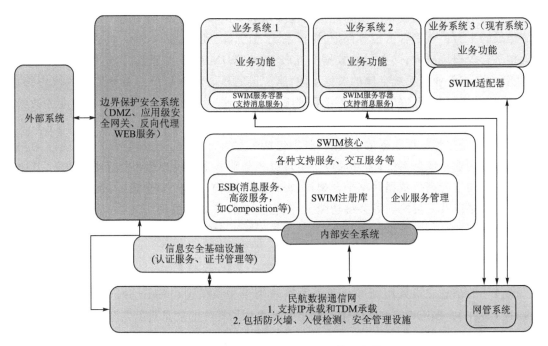

图 5-5 基于 ESB 产品的 SWIM 核心架构

品提供的高级管理能力有很大关系。

面向服务的架构屏蔽了信息技术的多样性与复杂性,并且通过标准的、独立的接口(如 XML 和 Web 服务)进行交互。各个服务提供者将各自的功能组件封装成可通过这些标准接口调用的服务,并将其注册在网络上,其他参与者通过网络发现这些服务,并进行相应的调用。针对我国现行民航基础设施,结合国外在系统建设中的经验,将面向服务的架构分为空管业务信息系统、面向服务架构的核心服务、数据交互服务和技术基础设施四个层次,如图 5-6 所示。

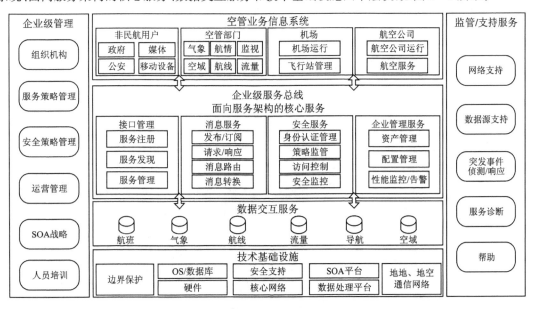

图 5-6 面向服务的空管高效数据共享平台架构

最底层的技术基础设施提供物理网络连接和必要的硬件设备，这是整个系统运行的基础设施组成的平台。该平台由边界保护、操作系统、数据库、硬件、安全支持、核心网络、面向服务的架构平台等模块组成，其上层的数据交互服务为 SWIM 提供空管数据，是核心服务的数据源，主要由各空管业务系统存储的数据组成；第三层的核心服务是面向服务架构的核心服务，由消息服务、接口管理、安全服务、企业管理服务组成，这种核心服务实现了对空管业务数据服务的高效、安全的传递、管理、监控等功能，是整个平台的技术与运行核心；最顶层是空管业务信息系统，它是空管数据服务的消费者，其中包括了空管部门、机场、航空公司、非民航用户等利益相关方的业务信息系统；另外的两个组块服务分别是企业级管理和监管支持服务，其中企业级管理面向空管高效数据共享平台架构，提供组织机构、服务/安全策略、运营管理、面向服务的架构战略以及人员培训等关键功能，而监管支持服务则提供网络支持、数据源接口支持、突发事件发现/响应、服务诊断和帮助功能，用于保障平台的正常运行。

5.3.2 信息交换标准

SWIM 的信息交换采用标准化建模的航班信息交换模型（Flight Information Exchange Model，FIXM）。FIXM 模型是一个对整个航班生命周期中的信息进行共享的数据交换标准。通过在空中交通管理系统、空域用户、后勤和交通运输部门、安全和防御部门等部门用户之间，在不同的信息域下数据层面进行交互，FIXM 模型能够促进所有空中交通利益相关方之间的信息共享。目前，信息交换模型层主要包括航空信息交换模型（Aeronautical Information Exchange Model，AIXM）、FIXM 和 ICAO 气象信息交换模型（ICAO Meteorological Information Exchange Model，IWXXM），它们已在欧美的一些系统中进行了试验和应用。与 AIXM 和 IWXXM 相同，FIXM 模型的建立也需要遵循一定的规则和相关的国际技术标准等，如图 5-7 所示。

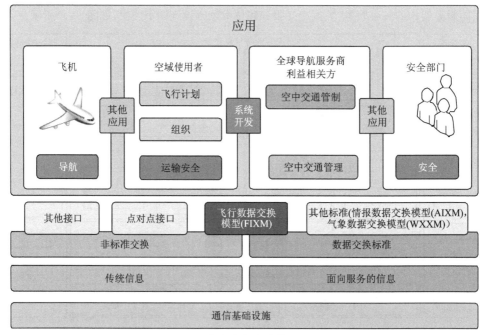

图 5-7 航班信息交换模型 FIXM

FIXM 模型主要由概念模型、逻辑模型和物理模型三部分组成。

FIXM 概念模型定义了预期使用 FIXM 标准交换的飞行数据元素。通过数据描述（FIXM ODD）进行样本分析及字段抽象，从真实的业务反推业务字段的完备性，从中获取数据元素的更多信息，如术语的备用名称、数据元素之间的关系、数据类型、值范围、业务规则及权威来源的引用等。

在实际操作中通过对业务的扩展字段整理，并考虑元素之间的关系，形成思维导图，并整理出 FIXM 数据字典。数据字典详细描述了模型中每一个数据元素的概念定义、数据类型、范围约束、注释、业务规则等，是构建整个 FIXM 逻辑模型的基础。

FIXM 逻辑模型详细说明了所有的数据实体，包括其属性和相互之间的联系。同时 FIXM 逻辑模型应该定义一个扩展机制，除了核心模型之外，允许用户扩展并提供基于 FIXM 的数据实体，自行定义其属性以及其与其他数据实体之间的关系。

统一建模语言中的静态图可以描述飞行数据元素之间的关系，根据航班信息主题的不同进行划分和包定义，并对数据元素的数据类型和取值进行定义与限制。在数据字典的基础上进行不同飞行信息模块的搭建和组合，形成飞行信息模型。

FIXM 物理模型是 FIXM 逻辑模型的物理实现，定义了用于系统之间数据交换的逻辑模型的物理表示，主要对逻辑模型中的结构进行描述，并对某些数据元素取值范围进行约束，从而更好地用于系统间数据交换。推荐的物理模型为 FIXM XML Schema，即 XML Schema Definition（XSD）。

FIXM 模型的整体结构如图 5-8 所示，分为 Foundation、Base 和 Flight Object 等。其中：

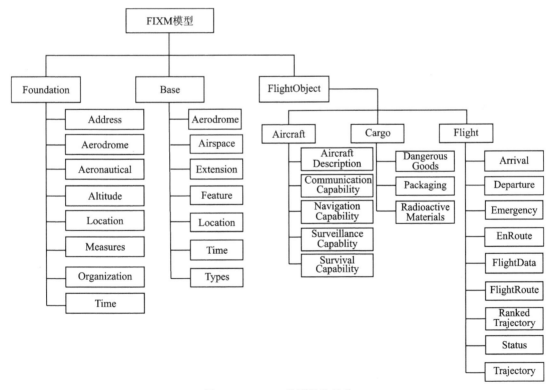

图 5-8　FIXM 模型整体结构

Foundation 拥有 Address、Aerodrome 等包含定义 FIXM 核心模型的主题，是数据元素的基础类型，并与 AIXM 进行共享，其中有些元素是直接依赖于 AIXM 和通用标记语言中的数据元素。

Base 中的元素为 FIXM 模型低层次元素，除了 AIXM 和通用标记语言外，可被逻辑模型中的其他包共享。其主要包括 Aerodrome、Airspace、Extension、Feature、Location、Time 和 Type 等主题。一般情况下，核心包（Flight Object 包）中元素优先引用和扩展 Base 中的类或元素，其次为 Foundation。Base 为核心包提供隔离层，以屏蔽 Foundation 中的变化。

FlightObject 由 Aircraft、Cargo 和 Flight 组成，主要用来描述与航班相关的重要信息，如航班状态、航空器状态和航班类型等，其中 Aircraft 包含航空器描述、通信、导航、监视功能和危险应急功能等；Cargo 主要包含航运危险品描述信息；Flight 为 FIXM 模型的核心，用来描述航班生命周期中的核心信息，包括航班起飞信息、航路信息、航班状态信息、航迹信息和航班降落信息等。模型中的元素与数据字典中定义的元素相对应，并可以在其基础上添加一些必需的结构元素。

思 考 题

1. 简述空中交通服务的概念及基本组成。
2. 对程序管制、雷达管制和数字化管制进行比较，总结不同管制方式的技术特点。
3. 简述数字化管制服务的概念、组成及其特点。
4. 结合一次飞行的全阶段，简述信息类服务和指令类服务的工作流程。
5. 民航 SWIM 系统架构包括哪几个系统层级？其主要功能有哪些？
6. FIXM 模型包括哪几个基本模型？简述其建模实现过程。

第6章 空域管理

空域又称可航空间,是指地球表面以上具有明确的边界范围、可供航空器飞行的空气空间,是空中交通服务提供者向空域用户提供服务的资源。空域资源的合理规划与使用是满足未来空域多元化与灵活性需求、促进航空运输业可持续发展的重要基础。空域管理是指依据既定空域结构条件,实现对空域的充分利用,尽量满足空域用户对空域的使用需求,确保空域得到安全、合理、充分、有效的利用。本章主要介绍空域及空域管理的基本概念,详细阐述了空域规划、空域运行管理、空域评估的内涵与方法。

知识点
- 空域的基本概念
- 空域分类标准
- 空域规划的内涵与方法
- 空域运行管理的内涵
- 空域容量评估方法
- 空域安全评估方法

6.1 概 述

空域具有自然属性、主权属性和技术属性等基本属性。空域的自然属性是指空域具有明确的下界(例如地表、水域表面)、特定的气候状况(例如大气环流、气象状况等)和其他自然地理特征(例如地磁场等)。空域的主权属性是指国家空域与国家领空、领土一样不容侵犯,体现了一个国家的主权与尊严。《国际民用航空公约》中规定"缔约各国承认每个国家对其领土之上的空气空间享有完全的和排他的主权"。空域的技术属性是指各种技术手段形成的信息场,主要有以下几种:通信手段,包括 VHF、HF、SATCOM 等形成的通信场;导航手段,包括 VOR/DME、ILS、GNSS 等形成的导航场;监视手段,包括 PSR、SSR、ADS 等形成的监视场。

空域作为国家的资源,任何服务国家利益的合法用户均有权使用。空域的用户包括公共运输航空、军事航空、通用航空三大类,其中公共运输航空是指以营利为目的,使用民用航空器为他人提供旅客、行李、邮件或者货物运送服务的飞行活动;军事航空是指军事性质(包括国防、警察和海关)的所有飞行活动;通用航空则指从事公共航空运输以外的民用航空活动,包括从事工业、农业、林业、渔业和建筑业的作业飞行以及医疗卫生、抢险救灾、气象探测、海洋监测、科学实验、教育训练、文化体育等方面的飞行活动。为了保证飞行安全、提高空域运行效率,航空器运行的空间又被划分为各类空域,用以规范航空器的运行行为以及相应的空中交通服务。

6.1.1 空域的划分

空域总体上可以分为空中交通服务空域和特殊用途空域两大类。

1. 空中交通服务空域

空中交通服务是指对航空器的空中飞行活动进行管理和控制的业务,包括飞行情报服务、空中交通管制服务、空中交通咨询服务等。根据服务的内容,空中交通服务空域又可以分为以下几种:

(1) 飞行情报区(Flight Information Region,FIR)

飞行情报是指为实现安全飞行和有效飞行而提供的咨询及有用资料,这些情报包括机场状态、导航设备的服务能力、机场或航路上的气象、高度表压力的调定、有关危险区域、航空表演以及特殊飞行限制。飞行情报服务是空中交通管制单位所提供的空中交通服务的一个组成部分。飞行情报区包括主权国家境内上空,以及由国际民航组织亚太地区航行会议协议,并经国际民航组织批准由主权国家提供空中交通服务的、毗邻主权国家公海上空的全部空域以及航路结构。公海上空飞行情报区边界的划定或者调整,应当按照国际民航组织地区航行会议协议的有关要求进行。

(2) 管制区

该区域的作用在于为本区内的飞行提供空中交通管制服务,根据不同的空域类型,服务可有所不同,每个管制区的确定也取决于无线电的覆盖范围、地理边界、配备的人员、设施及管理手段等。根据飞行量、空域结构、活动的构成等,在垂直方向可划分为高空、中低空管制区,在水平面方向可划分为多个管制区或多个扇区。

(3) 咨询区

咨询区是介于情报区和管制区之间的一种临时、过渡性区域。咨询区在人员选拔、培训以及设施的添置等满足要求时可平稳地过渡到能提供更多、更及时服务的管制区。

2. 特殊用途空域

特殊用途空域是指活动受限的空域或者是航空器运行受限的空域。不同国家对特殊用途空域规定的范围不同。美国特殊使用空域包括禁区、限制区、军事活动区、告警区、管制射击区以及国家安全区等。我国特殊用途空域包括危险区、限制区、禁止区、放油区、预留区。

(1) 危险区

危险区可以由每个主权国家根据需要在陆地或领海上空建立,也可以在无明确主权的地区建立,它在所有限制性空域中,约束、限制最少。被允许在其内运行的飞机受到保护,其他航空器的运行会受到可能的影响,因此,有关国家应在其正式的文件、通告中发布该区建立的时间、原因、持续的长短,以便于其他飞行员判断能否应对该区域中的危险。

(2) 限制区

限制区是限制、约束等级比危险区高,又比禁止区低的空域,该空域并非是绝对禁区,而是否有危险已不能仅仅取决于飞行员自身的判别和推测。此种类型的空域建立一般不是长期的,所以最重要的是要让有关各方知道:该区域何时生效、何时终止,以及该区域建立的条件和原因等。建立限制区的原因往往包括空中靶场试验、高能激光试验、导弹试验等,有些限制区的生效时间持续 24 h,有些仅仅作用于某些时段,其他时段对飞行无任何影响。

(3) 禁止区

禁止区划分为永久性和临时性两种,是在各种类型的空域中,限制、约束等级最高的区域,一旦建立,任何飞行活动都会被禁止,除非有特别紧急的情况,否则将遭受致命的灾难。这些区域主要用来保护关系到国家利益的重要设施,如核设施、化学武器生产基地以及其他某些敏感区域。

(4) 放油区

放油区是指围绕大型机场建立的供飞机在起飞后由于种种原因不能继续飞行,返回原起飞机场又不能以起飞全重着陆时而划定的一片区域。设计该区域的主要目的是放掉多余燃油,使飞机着陆时不超过最大允许着陆重量,对飞机不造成结构性损伤,大大降低其他可能事件的发生概率。这样的区域一般规划在远离城市的地带。

(5) 预留区

预留区一般分两种,参照地面相互位置不动的空域即为固定性,相互位置移动的空域即为活动性。前者涉及飞行活动,如军事训练、飞行表演等;后者往往涉及空中加油、航路编队飞行等。无论是哪种预留区,均须在区域外围建立缓冲区,以便空管机构有足够余量保证其他飞行安全。

6.1.2 空域的分类

空域分类是指根据空域用户需求,按照ICAO空域分类标准以及国家的空域政策,将本国的空域进行科学划分。空域分类的目的是在可接受的安全水平范围内,尽可能地为航空器提供灵活性和机动性。空域分类是一系列标准的集合,包括对空域内运行的人、机、环的综合要求。对空域进行分类,可以优化空域结构,实现空域资源的优化配置。

为了规范IFR和VFR对人、机、环的不同要求,明确各类空域IFR和VFR的服务种类,国际民航组织制定了空域分类的基本标准,将空中交通服务空域分为A、B、C、D、E、F、G七类,随着空域代号顺序的递增,逐步放松对VFR的限制。各个国家根据ICAO的空域分类原则并结合本国的实际情况对之进行选择和完善,以确定各国各自的空域分类方案。

国际民航组织推荐将空域分为以下七类。

① A类空域:仅允许IFR飞行,对所有飞行均提供ATC服务,并在航空器之间配备间隔。

② B类空域:允许IFR飞行和VFR飞行,对所有飞行均提供ATC服务,并在航空器之间配备间隔。

③ C类空域:允许IFR飞行和VFR飞行,对所有飞行均提供ATC服务,并在IFR飞行之间以及在IFR飞行与VFR飞行之间配备间隔,VFR飞行应当接收其他VFR飞行的飞行情报服务。

④ D类空域:允许IFR飞行和VFR飞行,对所有飞行均提供ATC服务;IFR飞行与其他IFR飞行之间配备间隔,并接收关于VFR飞行的飞行情报服务;VFR飞行接收关于所有其他飞行的飞行情报服务。

⑤ E类空域:允许IFR飞行和VFR飞行,对IFR飞行提供ATC服务,与其他IFR飞行之间配备间隔。所有飞行均尽可能接受ATC服务。E类空域不得用于管制地带。

⑥ F类空域:允许IFR飞行和VFR飞行,对于所有IFR飞行均接受空中交通咨询服务;如果需要,对所有飞行提供飞行情报服务。

⑦ G类空域:允许IFR飞行和VFR飞行,如果需要,提供飞行情报服务。

6.1.3 我国空域现状

根据《中国民用航空空中交通管理规则》,我国用于民用航空的空中交通管制空域分为飞行情报区、管制区、限制区、危险区、禁区、航路和航线。各类空域的划分应当符合航路的结构、机场的布局、飞行活动的性质和提供空中交通管制的需要。

1. 飞行情报区

飞行情报区是指为提供飞行情报服务和告警服务而划定范围的空间，在飞行情报区内的飞行情报和告警服务由有关空中交通管制单位提供。我国共划分沈阳、北京、上海、广州、昆明、武汉、兰州、乌鲁木齐、三亚、香港和台北 11 个飞行情报区，如图 6-1 所示。

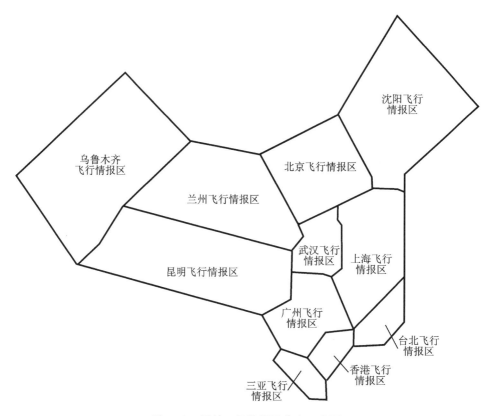

图 6-1 民航飞行情报区分布示意图

2. 管制区

管制空域根据所划空域内的航路结构和通信、导航、气象、监视能力进行划分，以便对所划空域内的航空器提供有效的空中交通管制服务。管制空域分为 A、B、C、D 四类。A、B、C 类空域的下限应当在所划空域内最低安全高度以上第一个高度层，D 类空域的下限为地球表面；A、B、C、D 类空域的上限根据提供空中交通管制的情况确定，具体如下：

① A 类空域为高空管制空域。在我国境内 6 600 m（含）以上的空间，划分为若干个高空管制空域，在此空域内飞行的航空器必须按照仪表飞行规则飞行并接受空中交通管制服务。目前，全国共有 15 个高空管制区，分别为海拉尔、沈阳、大连、北京、青岛、上海、广州、南宁、三亚、成都、昆明、拉萨、西安、兰州、乌鲁木齐。

② B 类空域为中低空管制空域。在我国境内 6 600 m（不含）以下最低高度层以上的空间，划分为若干个中低空管制空域，在此空域内飞行的航空器可以按照仪表飞行规则飞行。如果符合目视飞行规则的条件，经航空器驾驶员申请，并经中低空管制室批准，也可以按照目视

飞行规则飞行,并接受空中交通管制服务。我国中低空管制区共计 28 个,除以上 15 个高空管制区对应的中低空管制区外,分别为呼和浩特、太原、济南、郑州、武汉、长沙、厦门、南昌、合肥、重庆、阿克苏、哈尔滨。

③ C 类空域为进近(终端)管制空域,通常是指在一个或几个机场附近的航路汇合处划设的便于进场和离场航空器飞行的管制空域。它是中低空管制空域与塔台管制空域之间的连接部分,其垂直范围通常在 6 000 m(含)以下最低高度层以上;水平范围通常为半径 50 km 或走廊进出口以内的除机场塔台管制范围以外的空间。在此空域内飞行的航空器,可以按照仪表飞行规则飞行,如果符合目视飞行规则的条件,经航空器驾驶员申请,并经进近管制室批准,也可以按照目视飞行规则飞行,并接受空中交通管制服务。我国共有进近(终端)管制区 44 个。

④ D 类空域为塔台管制空域,通常包括起落航线、第一等待高度层以及第一等待高度层以下地球表面以上的空间和机场机动区。在此空域内运行的航空器可以按照仪表飞行规则飞行。如果符合目视飞行规则条件,经航空器驾驶员申请,并经塔台管制员批准,也可以按照目视飞行规则飞行,并接受空中交通管制服务。

民航高空管制区域分布示意如图 6-2 所示,民航终端区和进近管制区分布示意如图 6-3 所示。

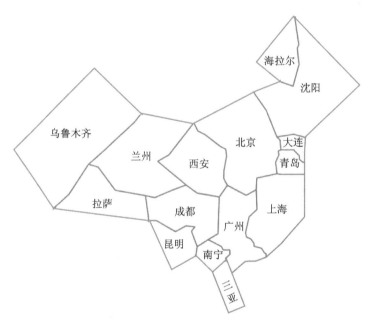

图 6-2 民航管制区域分布示意图

3. 危险区、限制区、禁区

危险区、限制区、禁区是指根据需要、经批准划设的空域。飞行中的航空器应当使用机载和地面导航设备,准确掌握航空器位置,防止航空器误入危险区、限制区、禁区;而与此同时,空中交通管制单位应当严密监视飞行中的航空器动态,发现航空器将误飞入危险区、限制区、禁区时,应当及时提醒航空器,必要时采取措施予以纠正。空中交通管制单位应当掌握并适时向航空器发出下列内容的有关危险、限制或禁区的通告:空域的名称;空域的范围,包括垂直和水平范围;空域的活动时间。

图 6-3 民航终端区和进近管制区分布示意图

4. 航　路

根据在该航路执行飞行任务的性质和条件,空中交通管制航路可划分为国内航路和国际航路。空中交通管制航路各段的中心线,从该航路上的一个导航设施或交叉点开始,至另一个导航设施或交叉点为止。各段中心线连接起来成为航路的中心线。空中交通管制航路的宽度通常为航路中心线两侧各 10 km 的平行边界线以内的空域,根据导航性能的定位精度,可调整其宽度;在航路方向改变时,则包括航路段边界线延长至相交点所包围的空域。空中交通管制航路的高度下限为最低高度层,上限与巡航高度层上限一致。空中交通管制航路应当设置导航系统。为了帮助航路上的航空器保持在规定的航路范围内飞行,导航设备之间的距离应当符合有关技术规范。空中交通管制航路应当用代号予以识别。国际航路的识别代号应当与国际民航组织协调,防止重复使用。空中交通管制航路应当根据导航设备设置转换点,以帮助沿航路的航空器准确飞行。在直线航段上的转换点,应当位于导航设备之间的中点;当导航设备之间的航段方向改变时,转换点应当位于径向线的交点。空中交通管制航路应当设置重要点并用代号予以识别,以便掌握航空器在航路上的运行进度。

5. 航　线

航线是指航空器在空中飞行的预定路线,沿线须有为保障飞行安全所必须的设施。航线确定了飞机飞行的具体方向、起讫和经停地点。按照运输业务范围,可将航线划分为国际航线、国内航线、地区航线等。按照允许使用时间的限制,可将航线划分为固定航线和临时航线。按照飞行阶段,连接机场或者跑道至可以开始航线飞行的某点之间的航段称为离场航线,连接航路或者航线上一点与靠近机场的一点,且可以从航线飞行阶段转为进近飞行阶段的航段称为进场航线,进场航线和离场航线合称进离场航线。

6.2 空域管理的概念与内涵

ICAO编制的《空中交通服务规划手册》(Doc 9426)明确,空域管理的目的是在给定空域结构内,根据不同用户的需要,通过时间和空间的划分,以最大限度地利用空域资源。《中国民用航空空中交通管理规则》给出的定义是,空域管理是指依据既定空域结构条件,实现对空域的充分利用,尽量满足空域用户对空域的需求。为能更好地进行空域管理,更好地满足不同空域用户的使用需求和空管资源的最优配置,将通过相应的空域规划和空域运行管理,确保空域得到安全、合理、充分、有效的利用。

6.2.1 空域规划

空域规划旨在通过优化空域各类静态要素的布局与配置,充分有效地利用空域资源,建立合理有序的空中交通秩序,在充分保证空中交通安全的前提下,最大限度地增加飞行流量,进而缓解空域拥堵、减少航班延误与飞行冲突、降低航空公司运行成本。空域规划技术在保证国家空域资源充分、合理、灵活、安全使用的同时,能够为国家空域资源的中长期规划提供战略和预战术指导,有利于确定需求并牵引国家空域系统的建设和发展。航路网规划、管制区规划、飞行程序设计等都是典型的空域规划活动。

1. 航路网规划

航路网是随着社会、经济、政治、军事的发展而逐步形成的,其形成是一个缓慢而渐进的过程。在此过程中各种因素的不平衡发展和相互制约,就导致了航路网结构日趋偏离初始的最优化设计。但随着民航运输的快速增长与航路需求的多元化发展,航路网逐步暴露出其结构性缺陷。目前弥补航路网缺陷通常采取局部、小范围的调整方式,但无法从根本上解决现行有限的航路网与航空市场日益增长的需求这一矛盾。

(1) 航路网规划目标

航路网规划的目标是对航路网结构进行重新优化设计,在保障空中飞行安全的同时,合理分配交通流量,从总体上提高航路网的整体容量,实现空域结构的灵活使用,提高空域的整体运行效能,减少航班延误与飞行冲突,缓解航路拥堵现象,降低航空公司运行成本,从而为公共航空运输创造良好的运行环境,满足国民经济和航空事业持续、健康、快速发展的需要。

(2) 航路网规划方法

① 明确航路网规划的概念和原则:航路网规划重点是建立以全国综合枢纽机场和地区枢纽机场为依托的高空干线航路网络,兼顾支线航线网络和进出终端区过渡航路的规划和建设,航路网规划就是设计达到这些目标的策略、过程和方案。航路网规划以保障空中飞行安全为基础,以空中交通流需求为牵引,以提高空域运行效率为目标,以空域可持续和谐发展为方针,充分引入先进的空域管理概念、飞行流量预测技术和网络设计优化算法,依托主要航空枢纽机场,综合规划我国的航路网络,分层次、分步骤地推进实施。

② 航路网运行现状分析与需求预测：航路网运行现状分析是在空域静态数据和运行数据的基础上，统计当前空域运行中流量、延误、区域容量等航路网运行特征参数，分析航路网现状存在的不足，包括：现有航路网结构性问题，比如导致容量瓶颈的不合理航路航线布局；流量管理问题，比如引起流量冲突的不科学航班流分配；管制负荷问题，比如管制扇区与航路航线布局的不匹配产生的高管制负荷。

航路网的需求预测包括宏观需求预测和城市对需求预测。宏观需求预测主要是研究空中交通量与当前全国或地区人口、产业、经济的状况等社会经济要素的关系模型，并运用该模型预测全国未来的飞机需求量；城市对需求预测也是进行航路网规划的前提，是根据城市之间的相互影响确定城市需求预测模型，进而预测城市之间的飞机流量。

③ 航路网布局设计与优化：航路网布局优化技术是针对现状分析反映的不足，根据需求预测模型提供的发展需求，对航路网进行规划设计，同时结合空域资源可用性、管制保障水平、地形条件等对规划线路进行进一步优化。由于城市节点是政治、经济、社会等驱动性因素的综合体，考虑到城市节点对网络设计的重要性不同，根据节点重要度将网络分层，并考虑采用分层网络设计方法及人工智能优化算法实现航路网布局设计及优化。

④ 航路网导航服务需求：地面导航设施是确保飞机在航路网中安全运行的重要保障。在航路网布局方案和导航策略确定之后，地面导航设施所需覆盖的范围及导航精度也相应确定，随之就引入了地面导航台站布局优化的问题：如何布设尽量少的台站以充分满足并保障航路网运行所需的导航性能要求。该问题在不同导航方式中(传统导航或区域导航)又有不同的内涵。针对上述问题，将研究综合导航方式下航路网运行所需的导航服务需求。

⑤ 航路网规划方案评估：航路网规划方案评估是在航路网交通流量模型及设计优化模型基础上，依靠数学方法定量评估规划方案。航路网评价方案由技术评价、经济效益及环境效益三个子系统组成。在子系统下分别建立航路网特性和反映航路网优劣程度的指标体系，同时建立反映经济社会效益及环境效益的评价指标。在体系指标基础上，采用一定的评价模型，对各项指标的综合作用进行评估，从而评价航路网规划方案的优劣程度。

⑥ 航路网实施方案研究与设计：航路网规划实施方案研究与设计要采取自上而下、循序渐进的协同规划方法，逐步将科学的规划思想、全面的规划建议逐步转变为具体解决方案。首先，深入分析航路网络当前现状，剖析空域结构的问题及原因，并对未来潜在的问题进行预测。其次，根据发现的问题及原因，结合一致的基本原则和标准的基础，协同空域各方用户建立全局的航路规划草案，草案应以容纳主要交通流、减少航路结构复杂性、均衡交通管制负荷为出发点。再次，在确定的规划框架下，精心设计空域结构的详细规划方案，并由各自的区域专家小组整理验证。最后在规划方案实施前还必须制订一个分阶段、统一的实施计划。

2. 管制区规划

为应对空中交通流量快速增长与空管保障能力相对不足的矛盾，适应新形势的需要，必须做出新的规划，进一步加强顶层设计，做好民航管制区适应性规划工作和统一部署。因此进一步理顺管制运行和协调关系、科学调整与规划管制区划设、统筹全国高空 ACC 规划和布局以提升管制运行综合保障能力显得十分必要和迫切。

(1) 管制区规划目标

通过分析各因素对民航管制区划设的影响，对整体民航管制区适应性进行分析和规划，从而提供多种管制区划分方案，为民航管制区的规划调整提供参考和决策依据。影响因素包含应急灾备、系统能力等若干问题,综合考虑国家政策和发展战略、军民航协调、应急灾备、运行成本、交通流量分布、CNS设备分布、自动化系统能力、空域结构和规划、机场布局、新技术应用等多个方面,开展民航管制区适应性研究和规划。

(2) 管制区规划方法

通过对未来航班量进行预测,在民航现有划设的管制区和管制工作单位的基础上,结合专家建议的约束限制,对高空空域进行组合优化分析,提出管制区适应性规划建设方案。为比较方案优劣,并提供优质的辅助决策信息,须建立一套综合评价指标体系,用于管制区运行现状的评估和未来规划方案的评价比较。利用评价指标体系对每个建设方案进行评价比较,并就各方意见以及细节问题进行讨论调整,最后得出确切的整体建设方案。

(3) 管制区规划的一般准则

① 安全性:指管制区规划方案实施和运行中面临的潜在风险。管制区规划方案的安全性分为区域运行安全性与方案实施风险两个方面。区域运行安全性描述的是管制区内部航路交叉汇聚、移交等导致的运行风险,可以进一步划分为管制区域内部运行安全和管制区域之间运行安全两类,涵盖了航路汇聚点分布密度、航路汇聚点航班日均架次、移交点数量、移交点架次共4个三级指标。方案实施的风险主要指管制区边界、运行程序、系统能力等变化所导致的风险。

② 便捷性:指管制区规划方案运行中军民航之间、管制区之间、境内外等各类运行协调的难易程度,具体包括了军航与民航之间的协调难度、民航内部各个管制区的协调难度、管制区规划方案与已有航路航线网络的契合程度三方面。

③ 均衡性:指不同管制区之间负载的差异程度。管制区负载主要考虑区域内飞行总里程、机场航班起降架次和区域的移交量等方面,分为航班移交量均衡性、飞行总里程均衡性、航班起降架次均衡性共3个二级指标。通常希望各个管制区域的管制负荷与飞行量尽可能均衡,从而保证每个管制区域的高效率运行。

④ 可靠性:指管制区保障系统与空管资源的应急容灾能力。可靠性重点考虑管制人力资源、管制自动化系统能力以及管制中心的受灾风险,具体分为容灾能力和受灾风险两个二级指标以及若干三级指标。容灾能力描述的是区管中心在相邻管制区域失效的情况下,该管制区所具有的能够接管该区域航班的能力,体现为管制席位的富余率、管制员富余率以及不同管制自动化系统的数据引接能力等。受灾风险描述的是管制中心选址面临地震、台风等自然灾害的潜在风险的大小。

⑤ 高效性:指管制区规划方案实施后的空域总体运行效率。高效性具体分为空域使用密度与空域灵活性两类二级指标以及若干三级指标。例如,空域航班总架次反映了空域运行的效率;空域密度可用来衡量航路网络结构上航线的分布紧密程度;机场分布密度可用来衡量各区域中航班的潜在需求量;临时航线占比可以反映空域运行的灵活性,更多的临时航路航线意味着更多样的飞行路线与管制的选择。

⑥ 适应性:指管制区规划方案对外部政策环境以及民航自身发展规划的可适应程度。适应性可分为对民航业外部政策的适应性与对民航内部发展的适应性两类二级指标,其下另设若干三级指标。一般意义上,方案适应性越高则表示方案越贴合发展环境与需求,能够使用的年限越长。

⑦ 经济性:指管制区规划方案的实施成本和运行成本。经济性指标分为两类:保障系统

建设成本与方案运行成本。保障系统建设成本主要包含的是实施规划方案所需要新增的一系列软硬件建设成本。方案运行成本主要是在规划方案实施后,维持规划方案的空域日常运行所需要的成本。

3. 飞行程序设计

飞行程序设计在分析机场终端区净空条件和空域布局基础上,根据航空器的飞行性能确定航空器的飞行路线以及有关飞行限制。飞行程序设计要遵循安全、方便、经济和环保的原则。根据应用环境和使用要求的不同,飞行程序通常被分为不同的类型:

根据所执行的飞行规则划分:按目视飞行规则设计的飞行程序,称为目视飞行程序;按仪表飞行规则设计的飞行程序,称为仪表飞行程序。

根据导航设施所提供的引导信息划分:使用满足有关运行类型最低标准的精确方位和垂直引导的仪表飞行程序,称为精密飞行程序;仅使用方位引导的仪表飞行程序,称为非精密飞行程序;使用方位引导与垂直引导,但不满足精密进近和着陆运行要求的仪表飞行程序,称为垂直引导进近(Approach with Vertical Guidance,APV)程序。

根据航空器定位方式划分:使用传统地面台支持的导航定位方式的飞行程序,称为传统飞行程序;使用基于性能的导航(Performance Based Navigation,PBN)进行导航定位的飞行程序,称为PBN飞行程序。

(1) 飞行程序概述

飞行程序是指根据航空器机载设备,结合外部导航设施所能达到的定位精度,以及航空器的飞行性能与操纵性能,为保证航空器安全飞行和提高空域运行效率,对航路、终端区进离场航线以及起飞离场、进近着陆的航径,进行规划和设计的工作。一次完整的飞行包括起飞离场、航路飞行、进近下降和进近着陆。除了航路飞行,其余部分均在终端区内执行。航路的规划和设计一般属于宏观的空域规划范畴,飞行程序设计一般只涉及终端区内的部分,具体分为离场程序、进场程序和进近程序。

① 离场程序:是一种规划的离场航线,为航空器提供机场终端区至航路的飞行路径及衔接过渡。它是以跑道起飞末端,也就是公布适用于起飞区域的末端,即跑道端或净空道端为起点。离场程序在沿规定的飞行航迹到达下一飞行阶段(即航路、等待或进近区)所允许的最低安全高度/高的一点终止。在为机场设计离场程序时,应为每一条用于起飞的跑道设计所使用的离场程序。当机场为所有起飞离场的航空器规定了仪表飞行条件下的离场航线时,将这些航线统称为标准仪表离场程序。该程序用标准仪表离场图予以公布。

② 进场程序:是一种规划的进场航线,它提供从航路系统至机场终端区内一个定位点或航路点的过渡。进场程序起始于飞机离开航路飞行的开始点,我国许多机场的离场程序是以走廊口作为进场程序的开始点,终止于等待点或起始进近定位点。在为一个机场设计进场程序时,应为每一条可用于着陆的跑道设计所使用的进场程序。当一个机场为所有进场的航空器规定了仪表飞行条件下的进场航线时,将这些航线统称为标准仪表进场程序。该程序用标准仪表进场图予以公布。

③ 进近程序:是根据一定的飞行规则,对障碍物保持规定的超障余度,所进行的一系列预定的机动飞行路线。这种机动飞行是从起始进近定位点或从规定的进场航线开始的,至能完成着陆的一点为止,以后如果不能完成着陆,则飞至等待程序或航路飞行满足超障准则的位置。对于每一个着陆跑道,对可使用的所有导航设备类型都必须单独为其设计相应的仪表进

近程序。

(2) 飞行程序设计步骤

机场飞行程序设计的基本步骤如下：航迹设置，根据机场的净空条件、导航设施的布局和与本机场进出港有关的航路情况，确定离场、进场和进近以及复飞程序的飞行航线；保护区的划设，根据所确定的航线，分别按离场、进场和进近以及复飞程序设计准则，确定航空器在各个不同航段飞行时，在一定的安全系数前提下，可能产生的最大位置偏移(称为保护区)，进行各航线的保护区设计；障碍物评估，分别按照有关的设计准则，计算每一航段内可以保证航空器不与地面障碍物相撞的最低安全高度(也称为超障高度/高)，其中超障高度是以平均海平面为基准的；飞行程序设计调整，检查各航段的下降梯度是否符合要求，对离场和复飞程序进行检查，判断是否符合超障要求，如果有不符合要求的航段，必须进行调整使其符合要求，在调整过程中，如果改变了航线的位置或距离，应重复进行程序的设计，并再次进行检查和必要的调整，直至符合要求。

(3) 典型程序设计

① 传统程序：传统程序是建立在仪表飞行基础上的，主要依赖于地面导航基础设施提供的导航信号。仪表飞行程序是航空器根据飞行仪表，并对障碍物保持规定的超障余度所进行的一系列预定的机动飞行。下面将根据航空器的飞行阶段，对传统飞行程序设计技术进行概述和总结。

仪表离场程序是从航空器起飞即提供超障余度，直至加入航路段的过程。设计离场程序时，必须为每一条跑道设计一个仪表离场程序，并可以指定相应使用机型。具体的离场程序的形式包括直线离场、转弯离场及全向离场。其中，起始离场航径与跑道中线方向相差在15°以内时，为直线离场；当离场航迹转弯角度大于15°时，为转弯离场；达到指定的转弯高度/高时，航空器可向任意方向转弯加入航路段，为全向离场。

仪表进近程序，无论是精密进近还是非精密进近，通常由进场航段、起始进近航段、中间进近航段、最后进近航段和复飞航段五个航段所构成。其中，进场航段是指航空器从航路飞行阶段飞至起始进近定位点(Initial Approach Fix，IAF)的一个航段，主要用于理顺航路与机场运行路线之间的衔接，保证空中交通顺畅。起始进近航段是从IAF开始，至中间进近定位点(Initial Fix，IF)或最后进近定位点(Final Approach Fix，FAF)为止，主要用于航空器下降高度，并通过一定的机动飞行完成对准中间或最后进近航段。中间进近航段是从IF至FAF之间的航段，作为起始进近与最后进近的过渡航段，主要用于调整飞机姿态、速度和位置，并下降少量高度，完成对准最后进近航迹。最后进近航段是完成对准着陆航迹和下降着陆的航段，其仪表飞行部分是从FAF至复飞点(Missed Approach Point，MAP)为止，其目视飞行部分可以向跑道做直线进入着陆，或向机场做目视盘旋进近。复飞航段是从复飞点开始，到航空器升到可以做另一次进近，或回到指定的等待程序，或回到重新开始航路飞行的高度为止。当判明不能确保航空器安全着陆时，进近复飞是保证安全的必要手段，因此每一个仪表进近程序都应规定复飞程序。

② PBN程序：是ICAO在整合各国区域导航和所需导航性能运行实践与技术标准的基础上，提出的一种新型运行概念。它将飞机先进的机载设备与卫星导航及其他先进技术结合起来，涵盖了从航路、终端区到进近着陆的所有飞行阶段，提供了更加精确、安全的飞行方法和更加高效的航行引导及空中交通管理模式。PBN的引入体现了航行方式从基于传感器导航

到基于性能导航的转变。

相对于传统程序,PBN 的优点如下:PBN 的航径设计能够缩短飞行距离,区域导航的飞行方式将飞机从导航台的径向线向台和背台飞行中解放出来,可以沿着更短、更经济的航迹飞行;航迹选择灵活,在导航基础设施范围内,可以沿任一航迹飞行,使飞行变得更为自由,为飞行超障和空中航路结构优化打下了基础;提高空域利用效率,相比传统设计方法 PBN 能在有限空间设计更多航线;减少陆空通话,减小飞行员和管制员的压力,更精确的航路点和更先进的飞行管理系统使得飞行与导航的自动化水平提高,大大减少了管制员的指令发出和飞行员的操作;减小推力设定值,同时也缩短了航程,为航空公司节省大量燃油成本;减少噪声和排放,使机场周边区域的环境受益。

6.2.2 空域运行管理

空域运行管理是指管理者以及空域活动主体对空域资源、空域环境、空域开发利用活动、空域权益等进行组织协调和控制的工作。在管理工作中,管理主体是政府有关职能部门或国家授权委托部门、空域活动主体等,他们围绕空域活动开展宏观管理、运行控制和执法管理,如军队和民用航空单位对空域活动进行微观管理。空域运行管理内容包括安全管理、资源管理、环境管理及经济管理、信息管理、权益管理等,其本质是在政策和法律法规的指导下,对空域资源、环境及其开发利用活动进行计划、组织、协调和运行控制。

具体实行空域三级管理制度,与民用和军用空中交通管理的任务相对应的,每一级都与其他两级密切相关,相互影响,是灵活分配和使用空域的基础。

1. 战略管理

一级空域管理:国家空域管理政策和空域结构体系。空域管理的第一级是在国家的整体利益为上的前提下,考虑到国内和国际用户对空域的要求,制定国家的空域管理政策和建立国家空域结构体系,以便军民联合使用空域,并对空域进行战略性管理。为了建立和保持灵活的空域结构体系,国家空域管理部门应对空域和航路结构进行评估和审查。空域管理第一级要为第二级和第三级建立有效的空域结构体系,并给其经批准的最低限度的授权,以便后者能灵活地开展工作。还要为第二级和第三级制定工作程序、经批准的优先权规则和空域分配的商议程序。为了不断提高空域使用的效率,国家空域管理部门应对空域和航路结构定期进行审查,对空域的一、二、三级管理制订的空域管理计划和使用情况进行详细分析。

2. 预战术管理

二级空域管理:逐日分配空域。空域管理第二级是指空域管理部门对空域进行逐日分配和临时隔离,对空域进行使用前的管理。在空域管理第一级所制定的国家空域结构体系、优先权规则和空域分配商议程序等国家空域管理政策的框架内,地区空域管理部门对空域的军用和民用需求进行协调,根据各方的空域使用需求,决定每天的分配,并将其作为正式的空域使用计划下达到各有关单位。

3. 战术管理

三级空域管理:实时使用空域。空域管理第三级是战术性的空域管理,包括实时使用空域、取消使用空域级或对二级空域管理所分配的空域实时再分配,解决民用和军用空中交通管理部门及其所属的管制员之间发生的特殊空域问题和交通情况。提高民用和军用空域使用要求的实时协调能力有助于增强空域使用的灵活性,这有赖于民用和军用空中交通联合使用空域所提供的潜力。实时获取所有必要的飞行数据(包括管制员的意图)将使空域达到最优利用并减少对空域隔离的需要。

6.3　空域容量评估

空域评估是空中交通管理理论与技术方法的综合应用,是空域管理研究的重要分支内容,同时也是日常空域管理的一项基础性工作,是开展空域资源配置、规划设计、优化调整的重要技术支撑。通过一套科学、实用的方法,细致分析当前空域运行和规划设计中存在的问题,精确评判空域方案的安全、效率和容量,结合所要达到的空域问题解决目标,制定、筛选各种可行方案,为规避风险、制定措施提供技术支持。

空域评估对象是空域设计方案和空域运行情况,即针对空域规划与设计方案的事前评估和针对空域运行和使用情况的事后评估。目前,在航空发达国家空域评估已广泛应用于空域调整、航路航线优化、管制运行方式变更和空管新技术应用等方面。

6.3.1　容量的基本概念

空中交通管理系统的容量,直观地讲,就是空管系统能够处理的交通量。空管系统的容量具有下面三层含义:

① 空管系统的静态容量,具体到空管系统而言,等待区、停机位以及通信信道的容量等都可以作为静态容量加以分析。

② 空管系统能够处理的航班流率,即在单位时间内该系统所能够处理的事件数量。以终端区系统的容量为例,容量是指终端区几个走廊口每小时可接受的进入请求架数。这一概念同样适用于管制移交处理、最后进近着陆以及飞行计划数据处理等子系统。

③ 系统容量和系统本身能够提供服务的安全性、质量(往往表现为航班延误时间)等因素紧密相关。也就是说,容量在这里是一个界限的概念,当达到或超过这个界限的时候,系统所提供的服务质量和安全性会严重下降,具体表现为飞机延误增加、发生事故的概率增大、顾客的满意度降低等。显然,这种意义上的系统容量是和系统所处理的交通流量密切相关的。

在理论研究和实际工程运用之中,空管系统的容量往往从航班延误时间的角度,分为实际容量和极限容量两种。实际容量:在一定时间间隔内,所有航班的延误时间在可接受范围内时,空域内所能容纳的最大航班数量。很明显,在这种情况下,飞机之间的间隔可以保证,可能会存在航班延误,但是情况不会特别严重。极限容量:在一定时间间隔内,航班连续地进入该空域的情况下,该空域所能容纳的最大航班数量。在这种情况下,飞机的间隔可以保证,航班的延时可能很大,超过了可以接受的范围;一旦空域中的航班数超过了极限容量,飞机之间的间隔就无法得到保证。假设考虑的时间段为 $t=0$ 到 $t=T$,在时间段 $[0,T]$ 内空域系统所处理的航班数为 $N(T)$,则空管系统的系统容量 C 可用 $[0,T]$ 时间段内的平均航班流率来表示,即

$$C = \left[\frac{N(T)}{T}\right] \tag{6-1}$$

由于交通流中飞机有不同的类型,这样系统在某一段时间内的交通量 $N(T)$ 将依赖于实际交通流中不同类型飞机的顺序,系统容量也就不是一个确定的值。如果把飞机的类型作为

一个随机变量来处理,则可以通过求 $N(T)/T$ 的期望值来求得系统的容量,即

$$C = E\left[\frac{N(T)}{T}\right] \tag{6-2}$$

严格来讲,还应对上面的表达式求极限,即

$$C = \lim_{T \to \infty} E\left[\frac{N(T)}{T}\right] \tag{6-3}$$

上式是空管系统容量的基本表达式,形式很简单,但还不能直接用来计算实际子系统的容量。针对不同的子系统,它还需要作不同的简化处理。

6.3.2 空域容量评估方法

在进行实际容量和极限容量评估时,应当考虑以下因素:
① 所提供的空中交通服务的种类;
② 管制区、管制扇区或有关机场结构的复杂性;
③ 管制员工作量,包括应履行的管制和协调任务;
④ 正在使用的通信、导航和监视系统的种类及其技术可靠性和可用性的程度以及备用系统和/或程序的可用性;
⑤ 向管制员提供支持和告警功能的空中交通管制系统的可用性;
⑥ 其他任何与管制员工作量有关的因素。

具体的容量评估方法有许多种,它们各有利弊:

(1) 基于计算机仿真模型的评估方法

计算机仿真评估的结果取决于仿真模型和输入数据的准确性,适用于最大容量和运行容量的评估,其优点为:结果准确性高,是容量评估的重要依托手段和发展方向;缺点为:仿真模型构造和使用需要投入的技术支持和资金较大,评估周期较长。目前,国际上较为流行的软件有美国联邦航空局的 SIMMOD 软件和美国波音公司的 TAAM 软件,其在机场和空域的仿真以及实际容量的评估方面有较多的应用。中国民用航空局空中交通管理局的空域仿真与评估系统与以上两个软件同属一类,在北京、上海、广州、成都、西安等地的容量评估中不断得到实际应用。

(2) 基于管制员工作负荷的雷达模拟机评估方法

基于管制员工作负荷的雷达模拟机评估方法适用于最大容量和运行容量的评估,其优点为:方法简单易行,可操作性强,结果较为准确;缺点为:管制员的个体差异和模拟环境对结果的准确性影响较大。中南空管局将该方法应用于广州进近管制区的容量评估,取得了较好的效果。此外,国际民航组织在《空中交通服务规划手册》(Doc 9426)中提出的评估管制扇区容量的方法,也属于此类评估方法。

(3) 基于历史统计数据分析的评估方法

基于历史统计数据分析的评估方法适用于最大容量的评估,其优点为:方法便于操作,结果较为准确;缺点为:数据收集困难,数据量大,样本数据的数量和质量直接影响结果的正确性;置信度仅有经验数值,需要根据不同情况由资深管制员进行确定。

(4) 基于数学计算模型的评估方法

基于数学计算模型的评估方法适用于结合最后进近阶段的跑道最大容量的评估,主要为

时间-空间分析数学模型,其优点为:简单,快速,投入少,容量评估结果较为准确;缺点为:仅能对一条跑道的容量进行评估,未对人为因素作量化评估。

6.4 空域安全评估

空域安全评估是确保空域方案安全合理、运行顺畅的有效手段。安全评估以安全工程、系统工程、可靠性工程等方法为主要手段,研究和探讨空域结构及其中的各类飞行活动的安全问题,以管理科学和运筹学的方法研究安全管理中的优化问题,以控制科学的观点研究安全管理的"人—机—环境—管理"问题,以信息科学的方法研究安全管理的信息传输和处理问题,通过对空域系统运行过程中涉及的风险进行评估,达到预防事故、提高安全水平的目的。

6.4.1 空域安全评估的基本概念

安全评估就是识别 ATS 风险,对可能导致危险的风险进行评估,并将评估的风险水平与预先设定的安全标准进行比较,从而确定评估的风险能否被接受。在评价某一系统的风险可接受程度时,多数行业使用最合理可行方法,如图 6-4 所示。倒三角底端顶点为零风险情况,越往上风险越大,考虑某一临界值为该系统的安全风险临界值。将风险区分为两类:不可接受区和可接受区,如果系统风险落入不可接受区,那么必须采取措施重新调整,并进行必要的跟踪、监视和管理,如无法重新调整,则应中断系统;如果系统风险落入可接受区,则不需要进行积极的管理,仅需要监视该风险,确保风险维持在该水平。随着科技的不断进步,更多地了解和掌握系统的有利因素、不利因素以及最小化风险方法,就能重新确定风险的可接受水平。

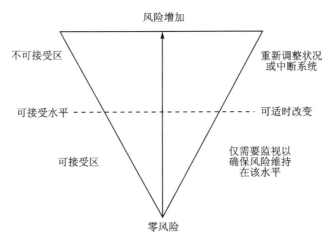

图 6-4 最合理可行方法

1. 空域安全评估的考虑因素

① 管制区、管制扇区或有关机场结构的复杂性;

② 航路航线布局、飞行程序的复杂性;

③ 所提供的空中交通服务的种类;

④ 管制员工作负荷,包括应履行的管制和协调任务;

⑤ 使用的通信、导航和监视系统的种类及其技术可靠性和可用性的程度,以及备用系统

或程序的可用性；

⑥ 该区域范围内的交通流特点和航空器性能；

⑦ 向管制员提供支持和告警功能的空中交通管制系统或工具的可用性；

⑧ 气象条件等其他任何与管制运行有关的因素。

2. 空域安全评估方法

(1) 专家评估法

建立多方参与的专家组，通过科学合理的方法和程序，从管制指挥、航空器运行、设施设备运行等角度充分识别、评估所建议的空域方案实施后可能发生的各种风险，研究制定风险消除措施，将风险发生概率或产生后果控制在可接受范围内，否则应调整空域方案重新进行风险评估。该方法能够集思广益，充分利用资深工作人员和专家的经验定性分析空域方案的安全性，提出相应的保障措施和建议。

(2) 计算机仿真法

通过空域建模，利用计算机软件复现空域方案并进行快速或实时仿真，可以分析发现空域方案中潜在的风险，或验证该空域方案和运行方式是否达到了预期的目标。快速仿真侧重短时间内得出结果；实时仿真需要输入更多数据和模拟信息，进行全过程的细致仿真。这两种方法都可以在不需要管制员和飞行员参与的情况下得出与实际情况较接近的结果，并能够基于安全、容量、效率等指标有效地比选多套备选空域方案。计算机仿真不受空域方案的范围限制，能够根据需要进行精细化评估，但是数据收集、模型建立等准备工作较为耗时、费力，所需费用也较高。

(3) 雷达模拟机验证法

利用模拟机复现所建议的方案，结合现行实际航班运行情况编制多套练习计划供管制员上机模拟指挥，采集相关数据，从飞行安全、顺畅和管制员工作负荷的角度分析方案的合理性。该方法是目前仿真程度最高、评估最精确的方法，能够充分考虑基于人为因素的风险，但是受硬件设备和人员限制，无法开展大范围空域运行或多席位联合评估。

(4) 运行监控评估法

通过合理的机制和科学的方法持续监控运行状况，采集相关数据，研究分析是否达到了既定的安全目标水平，并为空域结构完善、缩小航路航线间隔、提高运行效率等进一步优化举措提供数据基础。该方法适用于新空域方案启用后的评估，也适用于现行空域运行监控和分析。

根据空域方案的复杂程度可以选取上述评估方法的一种或多种进行评估。对于简单的空域变化，只要进行专家评估即可；对于复杂的空域变化，应使用专家评估法、计算机仿真法和雷达模拟机验证法进行多重评估，相互佐证。新的空域方案实施后，应开展运行监控评估。

6.4.2 基于 Reich 碰撞风险模型的空域安全评估方法

针对空域安全评估，国际民航组织提出了碰撞风险模型这一概念。目前，世界上许多国家如英、美、加等在确定本国的最小垂直间隔时普遍采用了 Reich 模型，该模型是一种较为合理的预测空中相撞风险的模型，可根据一系列量化参数来表示某空域中的相撞风险，提供航空器在空域内每飞行小时可能发生的事故数的预测值。Reich 碰撞风险模型是 20 世纪 60 年代提出的一种预测航空器空中相撞风险的数学模型，它针对平行航路系统在纵向、侧向、垂直方向分别进行了碰撞危险建模，对相邻航线航空器之间的单个碰撞危险建立了数学模型。它适用于计算碰撞危险和间隔之间的关系,其中的垂直模型是目前国际普遍采用的缩小垂直间隔(Reduced Vertical Separation Minimum,RVSM)空域垂直碰撞风险模型。在本节中主要对Reich模型中航空器碰撞过程进行描述,为此要引入以下一些概念:

假设航路系统中每架航空器的尺寸是相同的,形状为一矩形,矩形的长、宽、高分别为航空器的长度、翼展和高度(分别设为 λ_x、λ_y、λ_z)。以航空器几何中心为中心,在纵向、横向、垂直方向上分别以 $2\lambda_x$、$2\lambda_y$、$2\lambda_z$ 虚拟出一个矩形区域,另外一架航空器模拟为一个质点,当质点进入该区域时就会发生碰撞,因此将该区域定义为碰撞模板,如图6-5所示。当航空器B碰撞航空器A时,航空器B的重心正好在航空器A碰撞模板的边缘上,所以可将航空器B视为一个微粒,则碰撞过程可被认为是微粒B"轰炸"航空器A的模板。当微粒B在模板边缘时,就相当于航空器B与航空器A进行绝对碰撞,碰撞模板如图6-6所示。因此碰撞风险(Collision Risk,CR)就等于所预计的微粒B进入航空器A模板的次数。

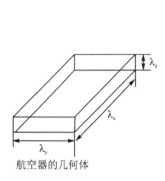

图6-5 航空器模型示意图

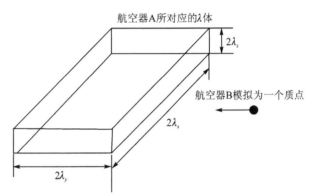

图6-6 航空器碰撞模板示意图

航空器在空中发生碰撞的前提是首先两架航空器的间隔不满足最小间隔标准,为了模拟该过程,以空中交通管制对航空器所在高度层的间隔标准的2倍构造航空器的临近层,将其中一架航空器模拟为一个质点,则航空器危险临近的过程可用图6-7表示。

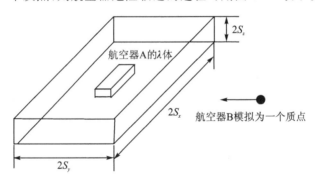

图6-7 两飞机临近的过程示意图

Reich碰撞风险模型中垂直方向的碰撞风险模型(CRM)主要针对由于各种原因失去垂直间隔而导致的致命事故进行评估。在评估时,模型分为技术风险和运行风险两部分。对于技术风险,又细分为:① 平行航路结构中的垂直碰撞风险;② 交叉航路的垂直碰撞风险。对于运行风险,在①和②的基础上,还须进一步考虑③航空器未经许可穿越飞行高度层的垂直碰撞风险,以及④航空器飞错高度层的垂直碰撞风险。下面给出模型具体的表达式和参数含义,以及平行航路技术风险和运行风险求解公式的推导:

1. 平行航路结构中的垂直碰撞风险

$$N_{az} = P_z(S_z)P_y(0)\frac{\lambda_x}{S_x}\left\{E_z(\text{same})\left[\frac{|\overline{\Delta V}|}{2\lambda_x} + \frac{|\bar{\dot{y}}|}{2\lambda_y} + \frac{|\bar{\dot{z}}|}{2\lambda_z}\right] + E_z(\text{opp})\left[\frac{|\overline{V}|}{\lambda_x} + \frac{|\bar{\dot{y}}|}{2\lambda_y} + \frac{|\bar{\dot{z}}|}{2\lambda_z}\right]\right\} \quad (6-4)$$

式中各参数意义如表 6-1 所列。

表 6-1 平行航路结构中的垂直碰撞风险模型参数列表

CRM 参数	参数含义
N_{az}	平行航路每飞行小时由于失去垂直间隔而导致的致命事故的次数
S_z	垂直间隔长度,在 RVSM 中 Sz 为 1 000 ft(约 300 m)
$P_z(S_z)$	两架名义上应具有垂直最小间隔 Sz 的航空器发生垂直重叠的概率
$P_y(0)$	两架在同一航迹上的航空器发生横向重叠的概率
λ_x	航空器的平均长度
λ_y	航空器的平均翼展
λ_z	航空器起落架收回的平均高度
S_x	用于计算占有率的纵向窗的长度
$E_z(\text{same})$	同向的垂直占有率
$E_z(\text{opp})$	对向的垂直占有率
$|\overline{\Delta V}|$	在同向航路上航空器间沿航迹的平均相对速度
$|\overline{V}|$	航空器相对地面的水平速度的平均值
$|\bar{\dot{y}}|$	名义上在同航迹上的航空器之间的相对速度平均值
$|\bar{\dot{z}}|$	失去所有垂直间隔的航空器之间的相对垂直速度平均值

2. 交叉航路的垂直碰撞风险

$$N_{az}(\text{cross}) = P_h(\theta)P_z(S_z)E_z(\theta)\left(\frac{2|\overline{\dot{h}(\theta)}|}{\pi\lambda_h} + \frac{|\bar{\dot{z}}|}{2\lambda_z}\right) \quad (6-5)$$

其中,

$$E_z(\theta) = \frac{2\pi \cdot S_h \cdot x_n}{2|\overline{\dot{h}}|T} \quad (6-6)$$

式中各参数意义如表 6-2 所列。

表 6-2 交叉航路结构中的垂直碰撞风险模型参数列表

CRM 参数	参 数 含 义
$N_{az}(\text{cross})$	交叉航路每飞行小时由于失去垂直间隔而导致的致命事故的次数
S_z	垂直间隔长度
S_k	窗口水平间隔
θ	两条交叉航路的夹角
$P_z(S_z)$	两个航空器垂直间隔为 S_z 时的垂直重叠概率
$P_k(\theta)$	夹角为 θ 的交叉航路的水平重叠概率
$E_z(\theta)$	夹角为 θ 的交叉航路相邻高度层航空器占有率
λ_x	平均航空器长度
λ_y	平均航空器高度
λ_z	平均航空器翼展和平均机身长度中的较大者
$|\dot{\bar{z}}|$	完全丧失垂直间隔的一对航空器之间的垂直相对速度差的绝对值
$|\dot{\overline{h(\theta)}}|$	在夹角为 θ 的交叉航路上发生重叠的航空器对的平均水平相对速度
x_n	交叉航路相邻高度层临近航空器对数

3. 航空器未经许可擅自穿越情况的垂直碰撞风险

航空器未经许可擅自穿越的情况是指航空器未按照管制部门的指挥飞行,飞离了管制部门对航空器的放行高度。航空器在管制员不知晓的情况下偏离指定高度对空域所造成的风险由以下公式计算得到:

$$C_t = P_y(0) \frac{2\lambda_x \lambda_z}{|\dot{\bar{z}}|S_x} \left\{ E_z(\text{same}) \left[\frac{|\overline{\Delta V}|}{2\lambda_x} + \frac{|\dot{\bar{y}}|}{2\lambda_y} + \frac{|\dot{\bar{z}}|}{2\lambda_z} \right] + E_z(\text{opp}) \left[\frac{|\bar{V}|}{\lambda_x} + \frac{|\dot{\bar{y}}|}{2\lambda_y} + \frac{|\dot{\bar{z}}|}{2\lambda_z} \right] \right\} \quad (6-7)$$

本公式中的大部分参数的含义与表 6-1 相同,其中 C_t 表示在某特定 $\dot{\bar{z}}$ 下每未经许可穿越一层所造成的垂直碰撞风险,通过对 C_t 进行进一步处理将得到在某特定范围内的 $\dot{\bar{z}}$ 取值下未经许可穿越 N 层的运行风险为

$$N_{az} = 2 \cdot \frac{C_t}{T} \cdot N \quad (6-8)$$

4. 航空器飞错高度层的垂直碰撞风险

飞错高度层是指航空器在错误的高度层飞行,而不是按照管制部门的要求飞行放行高度层,它与未经许可穿越的区别是:未经许可穿越是动态过程,是指航空器飞离放行高度层飞至错误高度层的动态过程;当航空器未经许可穿越后在错误高度层保持,那么该情况就属于飞错高度层。飞错高度层所用时间所占总飞行时间的比例为 Q,是由因偏离最小垂直间隔的整数倍 n(即偏离 n 个高度层)而导致的各大高度偏差的时间总和除以总飞行时间 H 得到的。Q 可以解释为航空器在飞错高度的概率。为估算垂直重叠概率,Q 必须再乘以两架航空器名义上在同一高度上飞行的重叠概率。因此由偏离最小垂直间隔的整数倍而导致的垂直重叠的概

率为

$$\sum_n P_z(nS_z) = P_z(0)Q \qquad (6-9)$$

确定了 $\sum_n P_z(nS_z)$，碰撞风险就可以采用前两部分的碰撞风险模型来计算。

6.4.3 RVSM 空域运行安全评估

以 RVSM 空域为示例，为了增加空域容量，提高航空公司的运行效益，减轻空中交通管制系统的运行负荷，国际民航组织从 20 世纪 70 年代开始研究 RVSM。RVSM 即在高度层 29 000 ft(8 839 m)至 41 000 ft(12 500 m)之间的高度层空间范围内，飞机之间的最小垂直间隔由过去的 2 000 ft(600 m)缩小为 1 000 ft(300 m)，该空间范围内飞行高度层的数量从原有的 7 个增加到 13 个，可用飞行高度层数量增加了 86%，显著增加了空域容量。这个高度层空间范围刚好是现代喷气式民航客机巡航阶段所主用的高度层，从而能有效增加空域容量，提高航空公司的运行效益，减轻空中交通管制指挥的工作负荷。

为了更充分地利用我国的空域资源，适应航空运输快速发展的需要，满足飞行安全的要求，逐步与国际标准接轨，我国于 2007 年 11 月 22 日零时起正式实施米制 RVSM 方案。在已有飞行高度层配备标准基础上，缩小 8 400 m～12 500 m 高度范围内原 600 m 垂直间隔，即在 8 400～8 900 m 实行 500 m 垂直间隔，其余高度范围实行 300 m 垂直间隔，8 400 m 以下、12 500 m 以上仍分别维持 300 m、600 m 垂直间隔不变。

为了保证 RVSM 空域内航空器的安全飞行，根据国际民航组织第 9574 号文件《在 FL290 和 FL410 飞行高度层之间实施 300 m(约 1 000 ft)垂直间隔最低标准手册》的要求(RVSM 飞行高度层配备见图 6-8)，RVSM 航空器注册和运行监视组织应当对即将实施 RVSM 的空域和已经实施 RVSM 的空域进行安全评估和验证，以保证在 1 000 ft 垂直间隔的运行环境中，能满足由于失去垂直间隔而导致的每飞行小时 5×10^{-9} 次致命事故的安全目标水平(Target Level of Safety，TLS)，其中，由于高度保持性能(技术原因)导致的致命事故的安全目标水平要小于每飞行小时 2.5×10^{-9} 次。在实施 RVSM 之前，必须对本区域 RVSM 运行进行安全评估，评估结果需要小于 TLS，才能表明在该地区实施 RVSM 是安全的。实施 RVSM 的一个关键环节是对其相关空域进行安全评估，从而表明我国空域能满足 RVSM 安全要求，能合理实行且无须考虑较低的风险水平，我国具有安全实施 RVSM 的能力；同时，在实施后进行监视，以验证安全是否得到持续保证，使空域用户对 RVSM 空域的持续实施保持信心。

在 RVSM 空域中的安全问题主要是由于航空器间垂直间隔缩小而增大的碰撞风险问题，碰撞风险即在一定飞行小时和特定空域中发生空中飞机相撞事故的预计次数，一次碰撞被认为产生两次事故，碰撞风险评估是进行空域安全评估的一种有效方法。在 RVSM 空域中导致碰撞风险的原因主要是高度保持误差，该误差可分为技术性误差和大的高度偏差两类，技术性误差一般由航空器高度保持设备的不精确性造成，主要包括测高系统出错和飞行技术误差，大的高度偏差由下列原因造成：

① 操作性误差，主要由空中交通管制员和驾驶员的人为误差和放行指令误差而导致航空器没有在指定的飞行高度层飞行。根据 ICAO 对这种情况所作统计表明，操作误差对碰撞风险有主要影响。

② 紧急情况的出现使得飞行员从一开始就不能遵守正常的应急程序，在改变航迹之前被

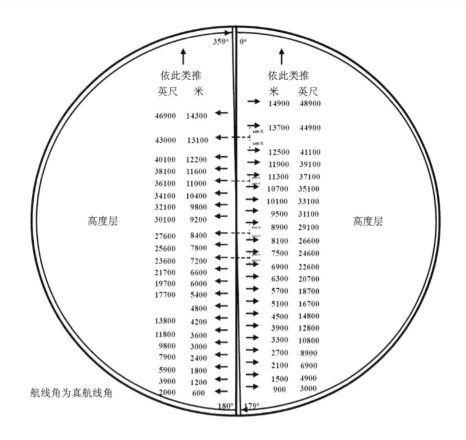

图 6-8 飞行高度层配备标准示意图

迫下降穿越了一个或多个飞行高度层。这种占用其他高度层的下降对碰撞风险也存在极大影响。

③ 强烈的气象条件而导致的偏差,包括空中紊流的影响以及一些更罕见的现象(如火山灰云等)。

④ 机载防撞系统 TCAS 的决策信息而导致的偏差。

评估碰撞风险是一个非常复杂的过程,需要收集空域内交通活动的各类信息进行技术分析,确定空域特点并建立 CRM。目前,世界上许多国家如英、美、加等在确定本国的最小垂直间隔时普遍采用了 Reich 模型,Reich 模型可根据一系列量化参数来表示某空域中的空中相撞风险,提供航空器在空域内每飞行小时可能发生的事故数的预测值。垂直方向上的 CRM 需要充分考虑运行系统的各种情况,如交叉航路、航空器下降穿越飞行高度层、航空器在错误的高度层飞行以及航空器编队飞行等,然后对该空域的各类信息进行量化分析,得出的结果再与可接受的 TLS 进行比较,根据 ICAO 第 9574 号文件《在 FL290 和 FL410 飞行高度层之间实施 300 m(1 000 ft)垂直间隔最低标准手册》规定,在 1 000 ft 垂直间隔的运行环境中,由于各种原因失去垂直间隔而导致的 TLS 不超过每飞行小时 5×10^{-9} 次致命事故,其中由于高度保持性能(技术原因)导致的 TLS 小于每飞行小时 2.5×10^{-9} 次致命事故。下文给出了我国 RVSM 空域安全评估的计算实例。

对 RVSM 空域技术风险评估,须采集所评估空域一年的飞行流数据。以 2007 年 6 月我国地区的飞行流数据采集情况为例,通过扩大12倍可以模拟我国2007年全年的飞行流情况。数据采集情况如表6-3所列。

表6-3 全国RVSM空域2007年6月1号到30号的飞行流数据采集情况

FIR名称	FIR代码	管制区名称
北京	ZBPE	北京、太原、呼和浩特
上海	ZSHA	上海、青岛、济南、厦门、南昌、合肥
广州	ZGZU	广州、桂林、湛江、南宁、长沙
武汉	ZHWH	武汉、郑州
沈阳	ZYSH	沈阳、大连、哈尔滨、海拉尔
兰州	ZLHW	兰州、西安
乌鲁木齐	ZWUQ	乌鲁木齐
昆明	ZPKM	昆明、成都、拉萨、贵阳
三亚(岛内)	ZJSA	三亚

表6-4给出了根据我国飞行流样本数据经过计算得到的经典Reich碰撞风险模型各个参数的定义、取值和数据取值来源。

表6-4 Reich碰撞风险模型各个参数的定义、取值和数据取值

参数符号	参数定义	参数值	数据取值来源
H	年飞行小时	2 231 306.2	根据交通流数据计算
E_z(same)	同向垂直占有率	0.062 0	根据交通流数据计算
E_z(opposite)	对向垂直占有率	0.340 9	根据交通流数据计算
Crossing pairs	年交叉航路的交叉航班对	3 366 240	根据交通流数据计算
S_x	纵向间隔标准,或者用于计算占有率的纵向窗口长度	80 NM	参考了PARMO和MAAR评估用值
S_h	窗口水平间隔	80 NM	同上
$P_z(0)$	两个航空器垂直间隔为0时的垂直重叠概率	0.389 9	FAA技术中心协助求解
$P_z(S_z)$	两个航空器垂直间隔为S_z的垂直重叠概率	2.041×10^{-10}	同上
$P_y(0)$	侧向重叠概率	0.025	FAA技术中心根据中国航空器加装GPS设备的比例求解得到
$P_h(\theta)$	水平重叠概率	6.88×10^{-7}	西太平洋/我国南海安全评估用值
$\overline{\|h(\theta)\|}$	在夹角为θ的交叉航路上发生重叠的航空器对的平均水平相对速度(设置$\theta=45°$)	367.4 kn (1 kn=1 NM/h)	西太平洋/我国南海评估用值(对应的航空器平均速度为480 kn)
$\|\bar{y}\|$	在同一航迹上的一对航空器之间的侧向相对速度差的绝对值	2.8 kn	FAA技术中心根据中国航空器加装GPS设备的比例求解得到

续表 6-4

参数符号	参数定义	参数值	数据取值来源
$\|\bar{\dot{z}}\|$	完全丧失垂直间隔的一对航空器之间的垂直相对速度差绝对值	1.5 kn	北大西洋地区 RVSM 评估用值
λ_x	航空器平均长度	0.023 45 NM	根据交通流数据计算
λ_y	航空器平均翼展	0.020 73 NM	
λ_z	航空器平均高度	0.007 0 NM	
$\|\overline{\Delta V}\|$	在相同航路同向飞行的航空器之间的相对速度差的绝对值	52.643 kn	根据交通流数据计算
$\|\bar{V}\|$	航空器平均地速的绝对值	457.53 kn	根据交通流数据计算

结合 6.4.2 节对 Reich 模型的定义和推导,技术风险的计算公式如下:

$$Naz = P_z(S_z)P_y(0)\frac{\lambda_x}{S_x}\left\{E_z(\text{same})\left[\frac{|\overline{\Delta V}|}{2\lambda_x}+\frac{|\bar{y}|}{2\lambda_y}+\frac{|\bar{\dot{z}}|}{2\lambda_z}\right]+\right.$$

$$\left. E_z(\text{opp})\left[\frac{|\bar{V}|}{\lambda_x}+\frac{|\bar{y}|}{2\lambda_y}+\frac{|\bar{\dot{z}}|}{2\lambda_z}\right]\right\}+$$

$$P_h(\theta)P_z(S_z)E_z(\theta)\left(\frac{2\overline{|\dot{h}(\theta)|}}{\pi\lambda_h}+\frac{|\bar{\dot{z}}|}{2\lambda_z}\right) \tag{6-10}$$

由式(6-8)可得到我国 RVSM 空域的技术风险评估结果,如表 6-5 所列。

表 6-5 我国实施 RVSM 的空域技术风险评估结果

风险源	风险评估结果	安全目标水平	备注
技术风险	1.162×10^{-11}	2.5×10^{-9}	低于技术风险 TLS,安全

思考题

1. 空域一般划分为哪几种空域?各自有什么作用?空域划分与空域分类有何联系?
2. 简述我国空域分类标准与国际民航组织空域分类标准的区别与联系。
3. 简述航路网规划的一般流程与主要方法。
4. 管制区规划需要考虑哪些方面的准则?
5. 空域容量评估主要有哪几类方法?
6. 空域安全评估主要有哪几类方法?
7. Reich 碰撞风险模型适用于哪些类型空域的安全评估?

第 7 章 空中交通流量管理

空中交通流量管理(Air Traffic Flow Management,ATFM)是为保障空中交通安全、有序和迅速流通而设置的服务,以确保最大限度地利用空中交通管制服务,并符合有关当局公布的标准和容量。在交通需求量不时超过既定容量的空域,通过实行空中交通流量管理服务,能够有效解决空中交通拥堵,缓解航班延误,提高空域和机场的资源利用率。本章介绍空中交通流量管理的基本概念,讨论离港航班地面等待程序(Ground-Holding Program,GHP)、进港航班排序优化调度这两种典型 ATFM 技术手段的基本原理。

- 空中交通流量管理的基本概念
- 空中交通流量管理的分类
- 离港航班地面等待程序的模型与方法
- 进港航班排序调度的模型与方法

7.1 概 述

空中交通流量管理本质上是通过采取有效的管理措施,确保空中交通流最佳流入或通过相应管制区域,尽量减少甚至避免飞行计划冲突和航班延误,充分利用空域系统时空资源。空中交通流量管理按组织机构可划分为三个主要层次,按运行阶段可划分为五个运行阶段,并包含不同的管理措施。

7.1.1 组织机构

ATFM 的基本组织机构应包括:空中交通流量管理指挥中心、空中交通流量管理单元、空中交通流量管理席位。其中,空中交通流量管理指挥中心主要负责制定全国范围的流量管理策略,发布流量管理信息,并与各流量管理单位/席位进行协调,可建置在民航局空管局;空中交通流量管理单元/席位主要负责监控和调整所辖范围内的交通流,并根据批准的流量管理策略对交通流进行调配和引导,通常设置在区域管制室、进近管制室和塔台管制室。ATFM 的组织体系如图 7-1 所示。

空中交通流量管理指挥中心的工作任务包括空中交通管理协调、空中交通流量规划、气象信息发布与协调、航行情报信息协调、飞行校准和飞行检查协调、与空域用户联络、与军方机构联络、信息技术协调与数据管理、通信/导航/监视协调、危机管理与协同、运行分析等。

空中交通流量管理单元的工作任务包括进近管制协调、离场管制协调、航路协调、气象信息预测/发布协调、与空域用户联络、与军方机构联络、机场协调、运行后分析等。

空中交通流量管理席位的工作任务包括与相关单位和部门协商,协助制定流量管理策略,及时获取影响空中交通服务单元的特情信息,分析并发布相关信息,整理记录所使用的流量管理措施,与受影响的单位协调处理过程,建立结构化的信息发布方式,持续监视空中交通管理

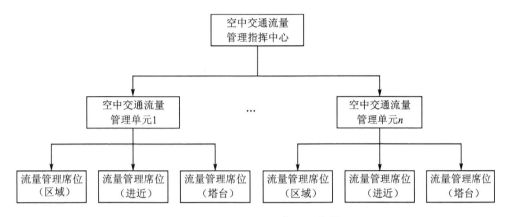

图 7-1 ATFM 组织体系示意图

系统,根据实际情况调整、管理或取消已发布的流量管理措施等。

7.1.2 运行阶段与管理措施

按照时间范围、管理方式、管理对象等,ATFM 可划分为规划、战略、预战术、战术、事后分析五个运行阶段,每个运行阶段采取不同的管理措施。例如,在战术阶段,针对容量下降的情况,采用地面等待程序,使待离港航班进行地面延误,避免空中延误,以实现起飞机场的容量平衡。此外,针对进港航班,对跑道排序进行优化调度,以最大化地利用跑道时隙资源。

1. 规划阶段

负责提前半年以上的流量管理,包括长期需求预测,以及对容量与交通需求的平衡状态进行评估,并向空域规划与设计部门提出建设需求,提前采取空域改造和管制手段升级等方式以解决容量流量不平衡问题等。

2. 战略阶段

负责提前两个月以上的定期航班管理,目标是根据系统容量情况,对定期及非定期计划做出先期的安排,避免出现飞行计划流量过载的情况。同时,还要在这一时期设计大型活动等引起容量失衡事件的保障方案,建立相应的全国性预案管理,以充分利用可用容量。主要管理措施包括以下几点:

① 航班时刻编排:空管部门和机场管理机构共同参与的航班时刻编排是战略阶段的核心管理措施,具体包括日常定期航班时刻、不定期航班和通用航空飞行的时刻以及特殊航线航班时刻,须根据机场综合保障能力和空管系统保障能力的变化定期组织开展优化。

② 空域使用计划:根据各空域用户需求战略性制定空域使用计划,协调明确各用户的空域边界、高度范围及可用时段。从而在战略层面兼顾各用户对空域的使用需求,并确保国家空域尽可能被最大化利用。

③ 战略改航策略:战略改航策略范本汇集了所有管制中心和主要机场的应对策略,当某一地区或机场由于天气或其他原因发生通行能力预警时,战略改航策略作为程序化响应策略。流量管理部门只需要输入策略范本编号,所有相关管制部门和空域用户都可以在同一范本中查到具体的调整方案。

3. 预战术阶段

负责运行当日提前一天以上的流量管理,包括对战略阶段所制定的流量管理预案进行调

整及选用,同时制订流量管理日计划,主要管理措施如下:

① 塔台管制预战术流量管理影响因素分析:对可能影响跑道运行模式、机场进港率、机场离港率、起飞尾流间隔、塔台管制负荷等因素进行分析,明确潜在影响因素及影响等级。

② 进近管制预战术流量管理影响因素分析:对可能影响离港程序可用性、进港程序可用性、雷达引导空域占用情况、进近三边可延长距离、跑道五边可用长度、盲降等设备使用情况、进近五边间隔等因素进行分析,明确潜在影响因素及影响等级。

③ 区域管制预战术流量管理影响因素分析:对可能影响高度层占用、雷达偏置范围、绕飞空域选择、等待空域可用性、扇区开关期间、城市对改航路线、航路繁忙程度、矛盾冲突点类型等因素进行分析,明确潜在影响因素及影响等级。

④ 协同决策预战术流量管理:协同决策预战术流量管理须根据预计影响因素及等级,气象、机场、航空公司等相关单位结合航班运行流程共同参与会商决策,明确区调、进近、塔台、机场、公司、气象、飞行计划处理及流量管理等部门在各环节的相关职能。研究制定如改航申请、变更巡航高度、调整航班时刻、合并机型运力、旅客疏导等实现流量与容量平衡、大面积航班延误应急响应的策略。

4. 战术阶段

负责运行当日至流量管理过程结束的流量管理,该阶段根据情况变化采用不断更新的管理措施,包括流量管理日计划调整、战术流量管理措施制定及执行,实现动态的容量优化管理和容量实时平衡,实施进场管理、离场管理、场面管理一体化运行。主要管理措施如下:

① 离港航班地面等待程序:通过控制一定范围内(根据容量持续不足的时间、时隙分配并发布的提前量等因素,人为设置的一个范围)飞往该机场或空域的航班的起飞时间,使这些航班在起飞机场停机位或者地面进行等待,以避免盲目起飞后在相关空域长时间等待,避免流量超过相关管制单位工作负荷,避免各管制单位从最悲观的角度出发对流量限制层层加码后传递。

② 尾随间隔方法应用和程序:航路或空域受恶劣天气、军事活动等情况影响,需要航班按照指定的间隔要求通过某个定位点、航路或者空域时,常采用此种方法。一般情况下,当要求的间隔值较大(通常认为大于 30~50 km)才采用尾随间隔方法,尾随间隔方法还分为指定距离间隔和指定时间间隔两种。如果指定间隔值较小,通常应采用航路点容量来进行总量管理,使航班尽量均匀地通过限制点,因为管制单位本身也需要进行调配,此时如采用尾随间隔方法对航班起飞时刻进行严格限制,不仅会导致计算机辅助时隙分配时的频繁跳变,而且本身也没有必要。

③ 空中等待方法应用和程序:适用于管制单位出现短期容量不平衡情况。通过要求航空器进行预定的标准等待以应对短期容量和需求平衡的过程,提供短期的缓冲以使在某些特定的气象事件发生时增加容量。

④ 最小起飞间隔方法应用和程序:适用于最小起飞间隔策略当且仅当离场扇区极度繁忙或者容量突然减少时(设备故障或气象条件等原因),以解决离场管制扇区过度繁忙或离场扇区受恶劣天气、军事活动等影响严重的流量管理问题。

5. 事后分析阶段

该阶段时间范围为管理过程结束之后,该阶段通过对流量管理的全过程进行分析评估,提供相应的运行反馈及完善建议,实现空中交通流量管理各阶段的闭环管理。事后分析阶段未来主要与流量管理的其他阶段形成闭环式的和相互衔接的运行过程,通过面向效能目标的事后分析评估提供对流量管理的反馈意见,实现效能改进方面的逐步提升。流量管理事后分析主要包括效能指标建立、基于指标的效能评价、基于效能评价的优化改进等。

7.2 离港航班地面等待程序

离港航班地面等待程序是处理空中交通流量管理问题的一种重要方法,适用于战术阶段的ATFM,通过对受影响离港航班进行调控,以达到起飞容量下降情况下的机场容量平衡。本节主要介绍常用模型、算法和分析。

7.2.1 降落容量受限的地面等待程序模型分析

1. 定义与符号表示

假设在$[0,T]$时段内共有K架航空器从各地起飞机场出发,都将到达目的机场Z,如图7-2所示,航空器分别设为$F_1, F_2, \cdots, F_K$,它们预计到达的时间分别为$A_1, A_2, \cdots, A_K$,不妨假设按照预计到达时间从小到大的顺序进行编号,即满足$A_1 < A_2 < \cdots < A_K$。机场Z是空中交通拥塞产生的唯一根源(忽略其他流量网络元素的容量限制)。机场的跑道容量是受限的,假设降落容量有限,起飞容量无限。在实际中,航空器起飞时要求的气象条件没有降落时严格,所花费的时间一般要比降落时少,因此起飞容量为无限的假设在某种意义上是可行的。

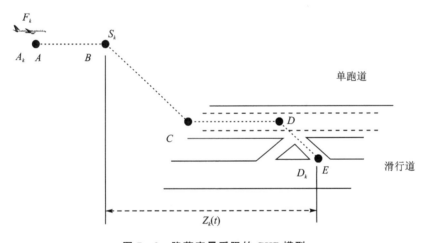

图7-2 降落容量受限的GHP模型

航空器降落地主要围绕着机场周围终端区,该终端区指以机场跑道为中心,水平范围为大约50 km,垂直范围在6 000 m以下的C类空域范围内。在这个空域内,来自各条航路上的航空器开始会聚于各个航路点和走廊口,降低飞行高度,进行终端区进近飞行,直至降落到跑道上,最后滑行出跑道,完成降落过程,称为该机场完成了一个降落架次。

传统地面等待程序模型的机场降落容量是指在一段时间间隔内,机场终端区内所能容纳的最大降落架次。例如,15 min间隔内的最大降落架次为5架。在基于离散事件仿真(Discrete Event Simulation, DES)的地面等待程序模型中,机场降落容量则是采用跑道降落服务时间(Runway Landing Service Time, RLST)来描述和衡量的。跑道降落服务时间是指跑道完成一个降落架次所需要的服务时间,例如跑道降落服务时间为 2.5 min/架次。跑道降落服务时间越小,则机场最大降落架次(容量)越大,反之亦然。由此可知,最大降落架次是人为划分时间间隔的,而且架次只能取整数,如果时间间隔过小,则误差比较大;而在实际空中交通管制中,管制员一般也采用间隔一定的时间来放行航空器降落,因此跑道降落服务时间比较精确合理。

定义如下变量:

A_k:第 k 架航空器的预计到达时间;S_k:第 k 架航空器开始降落的时间;W_k:第 k 架航空器空中等待的时间;D_k:第 k 架航空器的落地时间;$Z_k(t)$:第 k 架航空器在 $t\in[0,T]$ 时刻降落所需要的时间;C_g:航空器单位地面延误代价;C_a:航空器单位空中延误代价,$C_g<C_a$。

图 7-2 显示了航空器 F_k 的一个完整降落过程 $A\to B\to C\to D\to E$,航空器在预计到达时间 A_k 进入终端区 A 点。显然,在同一个时刻,一条跑道不能同时接受两个降落架次。如果此时前一架未完成降落,则这架航空器需要空中等待,直到在 S_k 时刻从点 B 开始下降高度。航空器 F_k 在点 C 着陆,滑行到点 D 后,在 D_k 时刻拐入到滑行辅道点 E,这样降落完成了,可以开始另一架航空器的降落,其中,从点 B 到点 E 的时间为跑道降落服务时间 $Z_k(t)$。

当第 k 架航空器 F_k 到达时,只存在两种情况:

① 当跑道是空闲的,说明第 $k-1$ 架航空器已经降落,即满足:

$$D_{k-1}\leqslant A_k \quad (7-1)$$

此时航空器不需要等待,可直接降落,则

$$W_k=0 \quad (7-2)$$

② 当跑道是繁忙的,第 k 架航空器要等前一架航空器降落以后才能降落,则等待时间 W_k 为

$$W_k=D_{k-1}-A_k \quad (7-3)$$

由式(7-1)~式(7-3)可得

$$W_k=\begin{cases}0, & D_{k-1}\leqslant A_k \\ D_{k-1}-A_k, & D_{k-1}>A_k\end{cases} \quad (7-4)$$

即

$$W_k=\max\{0,D_{k-1}-A_k\} \quad (7-5)$$

最后可以得到第 k 架航空器开始降落和落地时间的迭代表达式:

$$S_k=\max\{A_k,D_{k-1}\} \quad (7-6)$$

$$D_k=S_k+Z_k(t)=\max\{A_k,D_{k-1}\}+Z_k(t) \quad (7-7)$$

由于天气的变化,航空器的降落时间 $Z_k(t)$ 不是固定的,而是随机变化的,它随着天气的变好而缩短,随天气的恶劣而变长。下面分别在天气为确定性模型和随机性模型两种情况下讨论单跑道地面等待模型的求解问题。

2. 确定性模型分析

在天气情况确定的条件下,只有一个天气样本。设每架航空器的地面等待时间为 d_k,$k=1,2,\cdots,K$。由于第一架航空器到达前,机场是空闲的,所以第一架航空器不需要等待,即

$$d_1=0 \quad (7-8)$$

考虑到 $C_g<C_a$,即空中等待比地面等待延误代价更高,因而可以把所有的空中等待时间转化成为地面等待,根据式(7-5),有

$$d_k=W_k=\max\{0,D_{k-1}-A_k\} \quad (7-9)$$

不妨设初始化条件为

$$D_0 = 0 \tag{7-10}$$

由式(7-8)～式(7-10)则可以将空中等待全部转化为地面等待。

3. 随机性模型分析

天气情况预测往往只是在很短的时间内才是比较准确的,在较长的一段时间内天气则是随机变化的。因此在实际中,无法采用确定性模型,需要建立随机性模型。将航空气象观测部门对气象的观测结果及历史同期天气数据综合起来,对当天天气进行预测,可以获得当天天气情况的几条不同概率的天气样本。

假设有 $Q(q=1,2,3,\cdots,Q)$ 个样本,每个样本的概率分别为 $p_1,p_2,\cdots,p_Q$,第 q 个样本函数为 $Z^q(t)$,其中 $t \in [0,T]$ 为连续的,表明在 t 时刻机场的预计降落服务时间。

对于每一个天气样本 q,式(7-6)、式(7-7)和式(7-9)可重新写为

$$S_k^q = \max\{A_k, D_{k-1}^q\} \tag{7-11}$$

$$D_k^q = \max\{A_k, D_{k-1}^q\} + Z_k^q(S_k^q) \tag{7-12}$$

$$d_k^q = W_k^q = \max\{0, D_{k-1}^q - A_k\} \tag{7-13}$$

根据递归式(7-11)～式(7-13),下面给出求解每架航空器的理想地面延误时间的启发式算法:

第一步:由于第一架航空器不需要地面等待,因此

$$d_1^1 = d_1^2 = \cdots = d_1^q = \cdots = d_1^Q = 0 \tag{7-14}$$

$$D_0^1 = \cdots = D_0^q = \cdots = D_0^Q \tag{7-15}$$

第二步:用上面的迭代过程分别求 $d_2^q (q=1,2\cdots,Q)$,令

$$d_{\max} = \max\{d_2^q\}, \quad 1 \leqslant q \leqslant Q \tag{7-16}$$

$$d_{\min} = \min\{d_2^q\}, \quad 1 \leqslant q \leqslant Q \tag{7-17}$$

显然等待时间 d_2 应该在两者之间,这就可能使某些航空器在一些天气样本下有了空中等待,因此求解的目的是在区间 $[d_{\min}, d_{\max}]$ 找到一个 $d_2 = d_2^{\text{opt}}$ 使得总代价 C 最小,即

$$C = \sum_{q=1}^{Q} p_q C_q(d_2) = \sum_{q=1}^{Q} p_q \left[C_g \times \left(d_2^g + \sum_{i=3}^{M} d_i^g\right) + C_a \times \sum_{j=2}^{K} d_j^a \right] \tag{7-18}$$

其中,$C_q(d_2)$ 是在第 q 样本下第 2 架航空器总的费用,该费用包括地面等待费用和空中等待费用。d_i^g 为航空器 i 的地面等待时间,d_i^a 为航空器 i 的空中等待时间。

在具体一条天气样本 q 下,设每架航空器 i 的地面等待时间为 $d_{q,i}^g$,空中等待时间为 $d_{q,i}^a$,式(7-18)的具体计算如下:

① 第 2 架航空器有地面等待 $d_2^g = d_2$;

② 第 2 架航空器停留 d_2 后,其新的到达时间 A_2' 可能大于以后航空器 $A_3, A_4, \cdots A_M$(其中 $A_M < A_2', A_{M+1} \geqslant A_2', 3 \leqslant M \leqslant K$)的到达时间,此时把所有航空器到达时间推迟到 A_2',第 $i=3,4,\cdots,M$ 架航空器有地面等待 $d_i^g = A_2 + d_2 - A_i$;而航班 $M+1, M+2, \cdots, K$ 没有地面等待。

③ 而航班 $M+1, M+2, \cdots, K$ 按原计划出发,然后按照式(7-11)～式(7-13)计算第 $j(j=2,3,4,\cdots,M+1,M+2,\cdots,K)$ 架航班的空中等待时间 d_j^a。

由于式(7-18)是一个关于时间的连续有界函数,因此存在最小值。这是一个无约束优化

问题,可以采用遗传算法在$[d_{\min},d_{\max}]$内搜索d_2^{opt},这样就可以得到第 2 架航空器的理想等待时间d_2^{opt}。

第三步:令$A_2=A_2+d_2^{\mathrm{opt}}$。

第四步:此时可能$A_3,A_4,\cdots,A_L<A_2$,则要推迟这些航班到A_2时刻到达,即对于航班j($j=2,3,4,\cdots,K$),令

$$d_2^g=d_2^g+d_2^{\mathrm{opt}} \tag{7-19}$$

$$d_j^g=d_j^g+\max\{0,A_2-A_j\}, \quad j\geqslant 2 \tag{7-20}$$

$$A_j=\max\{A_2,A_j\} \tag{7-21}$$

第五步:对于第i航班($i>2$),按照与第二步同样的方法,计算理想等待时间d_i^{opt}。

这样按照上述第二~五步的方法,依次可计算决定第 3 架、第 4 架直到最后一架航空器的理想等待时间$d_i^{\mathrm{opt}}(1\leqslant i\leqslant K)$。

4. 回溯算法

在前面建立了降落容量受限的地面等待程序模型,给出了一种随机性模型的启发式算法。下面将介绍回溯深度以及基于回溯深度的改进模型和算法,该算法的原理是:第k架飞机F_k在预计降落时间时,发现跑道是繁忙的,此时可以考察前一架飞机F_{k-1},如果发现F_{k-1}的降落时间与F_k预计到达时间之间还留有余量,那么将F_k的预计到达时间往前推,然后再继续按照式(7-3)和启发式算法计算。

假设第 1 架飞机不回溯($k\geqslant 2$),当第k架飞机F_k到达时,只存在两种情况:

① 当跑道是空闲的,说明第$k-1$架飞机已经降落,即满足:

$$D_{k-1}\leqslant A_k \tag{7-22}$$

此时飞机不需要等待,可直接降落,于是

$$W_k=0 \tag{7-23}$$

② 当跑道是繁忙的,比较前一架飞机F_{k-1}的已排定的降落时间A'_{k-1}与再前一架飞机F_{k-2}的预计到达时间A_k,根据式(7-16)和式(7-17)可知$A'_{K-1}\in[d_{\min}(k),d_{\max}(k)]$,则按照以下三个步骤进行回溯前推:

第一步:如果飞机F_{k-1}在前一架飞机F_{k-2}的最差可能性的降落时间后才到达目的机场,那么就存在优化调节的空间,可将F_{k-1}的预计到达时间A_{k-1}提前到$A_{k-2}+d_{\max}(k-2)$,即$A_{k-1}>A_{k-2}+d_{\max}(k-2)$,令

$$A_{k-1}=A_{k-2}+d_{\max}(k-2) \tag{7-24}$$

第二步:如果飞机F_{k-1}在前一架飞机F_{k-2}的最差可能性的降落时间之前到达目的机场,那么就没有优化调节的空间,F_{k-1}的预计到达时间A_{k-1}保持不变,可得

$$A_{k-1}=\begin{cases} A_{k-2}+d_{\max}(k-2), & A_{k-1}>A_{k-2}+d_{\max}(k-2) \\ A_{k-1}, & A_{k-1}\leqslant A_{k-2}+d_{\max}(k-2) \end{cases} \tag{7-25}$$

$$A_{k-1}=\max\{A_{k-1},A_{k-2}+d_{\max}(k-2)\} \tag{7-26}$$

第三步:再判断$t=A_k$时跑道是否繁忙。如果不繁忙,则按照第一步来处理;如果跑道繁忙,则第k架飞机F_k要等前一架飞机F_{k-1}降落以后才能降落,则等待时间W_k为

$$W_k=\max\{0,D_{k-1}-A_k\} \tag{7-27}$$

本节在降落容量受限的地面等待程序模型和算法的基础上,进一步介绍了改进的回溯模

型和算法,通过后推和前推两方面共同优化来利用稀疏时间段,这样能够合理利用富余时间段,减少航班延误时间,提高优化效果。

7.2.2 起降容量相互影响的地面等待程序模型分析

在 7.2.1 小节中系统地介绍了降落容量受限的地面等待策略问题模型,然而该地面等待程序模型具有一定的局限性:一是只考虑了单跑道的情况,而当前大型繁忙机场大多拥有多跑道,跑道之间的容量相互影响,情况更为复杂;二是只考虑了跑道的降落容量,而实际上,跑道的容量不仅包括降落容量,还包括起飞容量,降落/起飞容量也是相互影响和制约的;三是没有考虑连程航班的影响。本节正是针对以上这些局限性,基于降落容量受限的地面等待策略问题模型来研究建立一个更具有普遍意义的起降容量相互影响的地面等待策略问题模型。

在研究起降容量相互影响的地面等待程序模型之前,首先需要考虑多跑道问题。当跑道由一条变成多条时,设共有 $N_{RW}(N_{RW} \geqslant 1)$ 条跑道,按照 7.2.1 小节中的地面等待程序模型假设条件,设机场单跑道的降落服务时间为 $Z_k(t)$,设共有 $Q(q=1,2,3,\cdots,Q)$ 个样本,每个样本的概率分别为 $p_1, p_2, \cdots, p_Q$,则根据式(7-18),每架飞机的延误总代价为 $C = \sum_{N_{RW}} \sum_{Q} p_q C_q(d_2)$,跑道和天气之间共有 $Q^{N_{RW}}$ 种组合,例如在 2 条跑道、4 个天气样本条件下,跑道和天气之间共有 $4^2 = 16$ 种组合,计算量也就增大了 16 倍,这就足以扼杀该模型的实用性。因此,将单跑道降落容量模型组合式扩展到多跑道情况的方法是不可行的,必须考虑引入新的机场跑道容量模型。

本节首先引入机场降落/起飞容量曲线和多跑道降落/起飞服务时间曲线等概念,之后介绍了起降容量均受限且相互影响的地面等待程序模型和算法,包括随机性模型和确定性模型。

1. 机场多跑道降落/起飞服务时间曲线

机场容量是以降落/起飞服务时间来描述的,因此,与机场降落/起飞容量曲线(见图 7-3)相

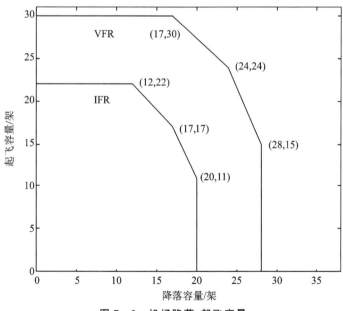

图 7-3 机场降落-起飞容量

对应的是机场多跑道降落/起飞服务时间曲线,如图 7-4 所示。通过对首都机场从 2001 年全年的航班飞行历史记录的数据统计,找出了出现频率至少为 2 的点,得出图 7-4 中 VFR/IFR 条件下的降落/起飞服务时间曲线。其中横坐标是降落服务时间,纵坐标是起飞服务时间,单位均是分钟/架次。跑道的起飞服务时间 Z^D 和降落服务时间 Z 的关系为

$$Z^D = \varphi(Z) \tag{7-28}$$

该曲线有三个特点:一是跑道降落服务时间和起飞服务时间呈相反的趋势,相互制约;二是无论是在 VFR 或是 IFR 天气条件下,降落服务时间取最小值(容量最大),起飞服务时间取值则为某个值至无穷大之间(容量最大不超过相应某个值),反之亦然;三是曲线非对称性:降落服务时间的最小值大于起飞服务时间的最小值,表明在同等机场条件下,机场最大起飞架次要比最大降落架次多。

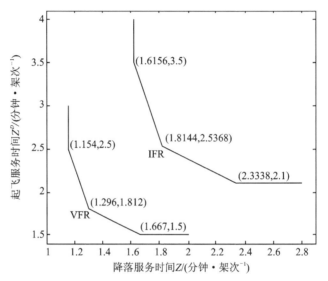

图 7-4 机场多跑道降落-起飞服务时间

假设在 $[0,T]$ 时段内共有 K 架降落飞机到达目的机场 Z,如图 7-5 所示,分别设为 F_1^A, $F_2^A,\cdots,F_K^A$,它们计划到达的时间分别为 $A_1,A_2,\cdots,A_K$,且满足 $A_1<A_2<\cdots<A_K$;同时在 $[0,T]$ 时段内,有 L 架起飞飞机从机场 Z 起飞,分别设为 $F_1^D,F_2^D,\cdots,F_L^D$,它们计划到达的时

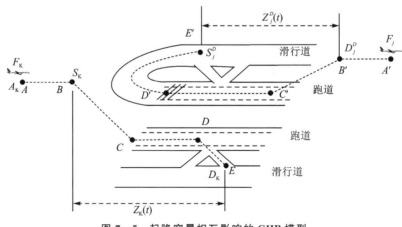

图 7-5 起降容量相互影响的 GHP 模型

间分别为 $D_1, D_2, \cdots, D_L$，且满足 $D_1 < D_2 < \cdots < D_L$。假设机场 Z 是空中交通拥塞产生的唯一根源（忽略其他流量网络元素的容量限制）。机场 Z 配置有多条跑道，机场的所有跑道的总容量是受限的，即假设降落和起飞容量均有限。

定义的变量（$1 \leqslant k \leqslant K, 1 \leqslant j \leqslant L$）及其意义见表 7-1。

表 7-1 GHP 模型参数及定义

名称	意义	名称	意义
A_k	第 k 架降落飞机的预计到达时间	A_j^D	第 j 架起飞飞机的预计起飞时间
d_k	第 k 架降落飞机的地面等待的时间	S_j^D	第 j 架起飞飞机开始起飞的时间
S_k	第 k 架降落飞机开始降落的时间	d_j^D	第 j 架起飞飞机的地面等待时间
W_k	第 k 架降落飞机的空中等待的时间	W_j^D	第 j 架起飞飞机的空中等待时间
D_k	第 k 架降落飞机的实际落地时间	D_j^D	第 j 架起飞飞机的实际起飞时间
$Z_k(t)$	第 k 架降落飞机在 $t \in [0,T]$ 时刻降落所需要的服务时间	$Z_j^D(t)$	第 j 架起飞飞机在时刻 $t \in [0,T]$ 起飞所需要的服务时间
$C_g(t)$	飞机单位地面延误代价	TR_{ij}	第 i 架飞机在执行航班 F_i 到达目的机场 Z 后，准备下一个连程航班 F_j 之前的转场时间，$F_i \in \bigcup F_N$
$C_a(t)$	飞机单位空中延误代价，$C_g(t) < C_a(t)$		

飞机降落主要围绕着机场周围 C 类空域范围内，图 7-5 显示了飞机 F_k 的一个完整降落过程 $A \to B \to C \to D \to E$。降落的飞机按航班任务可分为两类：一类是降落后不再起飞，已经完成当天的航班服务；另一类是降落后还需要执行下一个航班服务，成为连程航班。对于连程航班，此时飞机开始进入转场时间段，从点 E 到点 E' 的时间为转场时间 TR_{ij}。这段时间内的工作流程包括旅客离机、客舱清洁卫生、办理空情服务、卸装货物、加注燃油和旅客登机等，直到飞机得到放行许可的管制命令后，开动发动机滑行到跑道头点 E' 预备起飞。再顺次通过 $D' \to C' \to B' \to A'$ 离开终端区，完成起飞过程。

在模型中，假设降落飞机中共有 N 架连程航班：$\bigcup F_N = \{F_i^A = F_j^D, 1 \leqslant i \leqslant K, 1 \leqslant j \leqslant L\}$，$0 \leqslant N \leqslant K, 0 \leqslant N \leqslant L$。假设在同一个时刻，机场不能同时接受两个降落架次，即如果此时前一架未完成降落，则随后的飞机需要空中等待；也不能同时接受两个起飞架次，即如果此时前一架未完成起飞，则随后的飞机需要地面等待；但是可以同时接受起飞和降落。

根据式（7-11）～式（7-13），对于降落飞机有

$$W_k = \max\{0, D_{k-1} - A_k\} \quad (7-29)$$

$$S_k = \max\{A_k, D_{k-1}\} \quad (7-30)$$

$$D_k = S_k + Z_k(t) = \max\{A_k, D_{k-1}\} + Z_k(t) \quad (7-31)$$

对于起飞飞机有

$$d_j^D = \max\{0, D_{j-1}^D - A_j^D\} \quad (7-32)$$

$$S_j^D = \max\{A_j^D, D_{j-1}^D\} \quad (7-33)$$

$$D_j^D = S_j^D + Z_j^D(t) = \max\{A_j^D, D_{j-1}^D\} + Z_j^D(t) \quad (7-34)$$

假设起飞飞机的所有目的机场的降落容量均为无限，则所有起飞飞机在出发后，都可以在目的机场降落而不存在空中延误，即

$$Z_k^D(t)=0, W_j^D=0, \qquad 1\leqslant j\leqslant L \tag{7-35}$$

假设在时间 T 之外时，跑道的降落容量为无限，所有飞机可全部降落，即

$$Z_k(t)=0, \qquad t>T \tag{7-36}$$

对于连程航班 F_i^A，设 $F_i^A=F_j^D$，飞机 F_i^A 须到达目的机场 Y 后，在经历一段地面转场时间 TR_{ij}（包括上下旅客、卸装货物和加注燃油等），才能执行下一个航班 F_j^D，即

$$\mathrm{TR}_{ij}=D_j^D-D_i, \qquad F_i\in\bigcup F_N, \qquad D_j^D>D_i \tag{7-37}$$

通常，每架飞机的地面转场时间是固定不变的，可以得到

$$\mathrm{TR}_{ij}\equiv A_j^D-A_i=D_j^D-D_i, \qquad F_i\in\bigcup F_N, \qquad D_j^D>D_i, \qquad A_j^D>A_i \tag{7-38}$$

由于天气的变化，跑道的降落服务时间 $Z_k(t)$ 和起飞服务时间 $Z_k^D(t)$ 不是固定的，而是随机变化的，它随着天气的变好而缩短，随天气的恶劣而变长。下面首先讨论多跑道地面等待随机性模型，然后再讨论确定性模型。

2. 随机性模型

假设有 $q(q=1,2,3,\cdots,Q)$ 个天气样本，每个样本的概率分别为 $p_1,p_2,\cdots,p_Q$，不妨设在第 q 个天气样本下的降落服务时间为 $Z^q(t)$，其中 $t\in[0,T]$ 为连续的，表明在 t 时刻跑道的预计降落服务时间。根据式(7-28)可以得到在第 q 个天气样本下的起飞服务时间为

$$Z^{Dq}(t)=\varphi(Z^q(t)) \tag{7-39}$$

对于每一个天气样本 q，式(7-29)~式(7-34)可重新写为

$$d_k^q=W_k^q=\max\{0,D_{k-1}-A_k\} \tag{7-40}$$

$$S_k^q=\max\{A_k,D_{k-1}\} \tag{7-41}$$

$$D_k^q=\max\{A_k,D_{k-1}\}+Z_k^q(S_k^q) \tag{7-42}$$

$$d_j^{Dq}=\max\{0,D_{j-1}^{Dq}-A_j^D\} \tag{7-43}$$

$$S_j^{Dq}=\max\{A_j^D,D_{j-1}^{Dq}\} \tag{7-44}$$

$$D_j^{Dq}=\max\{A_j^D,D_{j-1}^{Dq}\}+Z_j^{Dq}(t) \tag{7-45}$$

降落飞机的延误总代价为

$$C_A=\sum_{r=1}^{K}\sum_{q=1}^{Q}p_qC_q(d_r)=\sum_{r=1}^{K}\sum_{q=1}^{Q}p_q\left[C_g\left(d_r^g+\sum_{i=r+1}^{M}d_i^g\right)+C_a\sum_{j=r}^{K}d_j^a\right] \tag{7-46}$$

其中，d_i^g 和 d_i^a 分别为降落飞机 i 的地面等待时间和空中等待时间。

起飞飞机的延误总代价为

$$C_D=\sum_{r=1}^{L}\sum_{q=1}^{Q}p_qC_g\sum_{t=r}^{L}d_t^D \tag{7-47}$$

由式(7-46)和式(7-47)可以得到在 $[0,T]$ 时段内所有飞机的延误总代价为

$$\begin{aligned}C&=AC_A+BC_D\\&=A\sum_{r=1}^{K}\sum_{q=1}^{Q}p_q\left[C_g\left(d_r^g+\sum_{i=r+1}^{M}d_i^g\right)+C_a\sum_{j=r}^{K}d_j^a\right]+B\sum_{r=1}^{L}\sum_{q=1}^{Q}p_qC_g\sum_{t=r}^{L}d_t^D\end{aligned} \tag{7-48}$$

其中，A 和 B 为非负权重系数，可以调节 A 和 B 的大小来影响降落和起飞的延误比重。地面等待策略的目的就是要寻找出一组 $d_1^{\mathrm{opt}}\cdots d_K^{\mathrm{opt}},d_1^{\mathrm{Dopt}}\cdots d_L^{\mathrm{Dopt}}$，使得总代价 C 最小。

把整个机场跑道视为一个 DES 系统，按照时间的先后顺序将每架降落飞机视为一个外部冲击，优化计算出该飞机的最优等待时间，以达到对整个系统的总代价最小。因此，根据式(7-48)，可以得到第 r 架降落飞机的代价为

$$C'(r) = AC_A(r) + BC_D(r)$$

$$= A\sum_{q=1}^{Q} p_q \left[C_g \left(d_r^g + \sum_{i=r+1}^{M} d_i^g \right) + C_a \sum_{j=r}^{K} d_j^a \right] + B\sum_{q=1}^{Q} p_q C_g \sum_{t=r}^{L} d_t^D \quad (7-49)$$

令 $\alpha = C_a/C_g$，$\beta = B/A$，式(7-49)归一化后可改写为

$$C(r) = C'(r)/(C_g A) = \sum_{q=1}^{Q} p_q \left[C_g d_r^g + \sum_{i=r+1}^{M} d_i^g + \alpha \sum_{j=r}^{K} d_j^a \right] + \beta \sum_{q=1}^{Q} p_q \sum_{t=r}^{L} d_t^D$$

$$= \sum_{q=1}^{Q} p_q \left[d_r^g + \sum_{i=r+1}^{M} d_i^g + \alpha \sum_{j=r}^{K} d_j^a + \beta \sum_{t=r}^{L} d_t^D \right], \quad 1 \leqslant r \leqslant K \quad (7-50)$$

根据式(7-34)~式(7-44)和式(7-50)，下面给出求解每架降落/起飞飞机的理想地面等待时间算法。

第一步：消除同时间航班：检查起飞和降落的飞机时间，如果发现有两架或两架以上飞机的降落/起飞时间相同，则第 1 架飞机的降落/起飞时间保持不变，第 2 架飞机的降落/起飞时间向后延一个很短的时间 ε($\varepsilon > 0$)，第 3 架再顺次后延 2ε，依次类推，直到消除完所有的同时间航班。

第二步：由于第一架降落飞机不需要地面等待，因此

$$d_1^1 = d_1^2 = \cdots = d_1^q = \cdots = d_1^Q = 0 \quad (7-51)$$

$$D_0^1 = \cdots = D_0^q = \cdots = D_0^Q \quad (7-52)$$

第三步：用式(7-38)~式(7-44)的迭代过程分别求 d_r^q($q = 1, 2, \cdots, Q$)，$r > 1$，令

$$d_{\max} = \max\{d_r^q\}, \quad 1 \leqslant q \leqslant Q$$

$$d_{\min} = \min\{d_r^q\}, \quad 1 \leqslant q \leqslant Q$$

显然等待时间 d_r 应该在两者之间，这就可能使某些降落飞机在一些天气样本下有了空中等待，因此求解的目的是在区间 $[d_{\min}, d_{\max}]$ 找到一个 $d_r = d_r^{\text{out}}$ 使代价 $C(r)$ 最小。

在具体天气样本 q 下，设每架降落飞机 i 的地面等待时间为 $d_{q,i}^g$，空中等待时间为 $d_{q,i}^a$，式(7-49)的具体计算如下：

① 第 r 架降落飞机有地面等待 $d_r^g = d_r$，第 s 架起飞飞机有地面等待 d_s^D，$E_s \geqslant A_r$。

② 如果 $F_r \in \cup F_N$，则根据式(7-37)，将起飞飞机 F_j 的预计起飞时间调整为 $A_j^D = A_j^D + d_r$；否则，执行第三步。

③ 第 r 架降落飞机停留 d_r 后，其新的到达时间 A_r' 可能大于以后的降落飞机 $A_{r+1}, A_{r+2}, \cdots, A_M$（其中 $A_M < A_r'$，$A_{M+1} \geqslant A_r'$，$r \leqslant M \leqslant K$）的到达时间，此时把所有上述降落飞机到达时间推迟到 A_r'，第 i($i = r, r+1, \cdots, M$) 架降落飞机有地面等待 d_i^g($d_i^g = A_r + d_r - A_i'$)，而降落飞机 $M+1, M+2, \cdots, K$ 没有地面等待。

④ 第 s 架起飞飞机停留 d_s^D 后，其新的到达时间 E_s' 可能大于以后的起飞飞机 $E_{s+1}, E_{s+2}, \cdots, E_N$（其中 $E_N < E_s'$，$E_{s+1} \geqslant A_r'$，$s \leqslant N \leqslant L$）的到达时间，此时把所有上述起飞飞机到达时间推迟到 E_s'，第 t($t = s, s+1, \cdots, N$) 架降落飞机有地面等待 d_s^D($d_s^D = E_s + d_s^D - E_s'$)，而起飞飞机 $N+1, N+2, \cdots, L$ 没有地面等待。

⑤ 而降落飞机 $M+1, M+2, \cdots, K$ 按原计划出发，然后按式(7-37)~式(7-39)计算第 j($j = 2, 3, 4, \cdots, M+1, M+2, \cdots, K$) 架飞机的空中等待时间 d_j^a。此时还应该注意，第 r 架飞机在有的天气样本下可能有空中等待 d_r^a。

由于式(7-50)是一个关于时间的连续有界函数，因此存在最小值。这是一个无约束优化

问题,可以采用遗传算法在$[d_{\min},d_{\max}]$内搜索d_r^{opt}。这样就可以得到第r架飞机的理想等待时间d_r^{opt};

第四步:令

$$A_r = A_r + d_r^{\mathrm{opt}} \tag{7-53}$$

$$E_s = E_s + d_s^{D\mathrm{opt}} \tag{7-54}$$

第五步:对于降落飞机,此时可能有$A_{r+1},A_{r+2},\cdots,A_{M'}<A_r$,则要推迟这些降落飞机到$A_r$时刻到达,即对于降落飞机$j=r,r+1,\cdots,K$,令

$$d_j^g = d_j^g + \max\{0, A_r - A_j\}, \quad j \geqslant r \geqslant 2 \tag{7-55}$$

$$A_j = \max\{A_r, A_j\} \tag{7-56}$$

对于起飞飞机,此时可能有$E_{s+1},E_{s+2},\cdots,E_{N'}<E_S$,则要推迟这些起飞飞机到$A_r$时刻到达,即对于起飞飞机$t(t=s,s+1,\cdots,L)$,令

$$d_t^g = d_t^g + \max\{0, E_s - E_t\}, \quad t \geqslant s \geqslant 2 \tag{7-57}$$

$$E_t = \max\{E_s, E_t\} \tag{7-58}$$

第六步:对于第i架降落飞机$(i>r)$,按照与第三步相同的方法计算理想等待时间d_i^{opt}。

对于第t架降落飞机$(t>s)$,也按照与第三步相同的方法计算理想等待时间$d_t^{D\mathrm{opt}}$。

这样按照上述第三~第六步的方法依次可计算决定第3架、第4架直到最后一架降落和起飞飞机各自的理想等待时间$d_i^{\mathrm{opt}}(1\leqslant i\leqslant K)$和$d_t^{D\mathrm{opt}}(1\leqslant t\leqslant L)$。

3. 确定性模型分析

在天气情况确定的条件下,机场的容量是确定的。由于第1架降落飞机到达前,机场是空闲的,所以第1架飞机不需要等待,第1架起飞飞机的情况也一样,即

$$d_1 = 0, \quad d_1^D = 0 \tag{7-59}$$

设$p_1=1,p_2=\cdots=p_Q=0$,即在天气情况确定的条件下,机场的容量是确定的,确定型模型可被视为随机型模型的一个特例。式(7-50)可简化为

$$C(r) = d_r^g + \sum_{i=r+1}^{M} d_i^g + \alpha \sum_{j=r}^{K} d_j^a + \beta \sum_{t=r}^{L} d_t^D, \quad 1 \leqslant r \leqslant K \tag{7-60}$$

由图7-4可知,跑道的降落服务时间$Z(t)$与起飞服务时间$Z^D(t)$成反比,考虑到$\alpha>1$, $\beta>0$,则把所有的空中等待时间d^a全部转化成为地面等待d^g就可以使$C(r)$最小化。

根据式(7-39)和式(7-42),有

$$d_k = \max\{0, D_{k-1} - A_k\}, \quad 1 \leqslant k \leqslant K \tag{7-61}$$

$$d_j^D = \max\{0, D_{j-1}^D - A_j^D\}, \quad 1 \leqslant j \leqslant L \tag{7-62}$$

不妨设初始化条件为

$$D_0 = 0, \quad D_0^D = 0 \tag{7-63}$$

由式(7-58)、式(7-60)、式(7-61)和式(7-62)可以完全消除空中等待,全部转化为地面等待。

本节在分析降落容量受限的地面等待程序模型的基础上,针对该模型存在的三个不足,首先引入多跑道降落/起飞服务曲线关系,介绍了条件更为泛化的起降容量相互影响的地面等待程序模型,解决了前一个模型所遗留的多跑道、起降容量相互影响以及连程航班的问题。通过对新模型的进一步分析可以看出,确定性模型是随机性模型的特例,降落容量受限的地面等待

程序模型也是起降容量相互影响的地面等待程序模型的一个特例。

7.3 进港航班排序调度

进港航班排序调度旨在为进港航班分配合适的起降顺序与时间,在保证航班进港安全的前提下,最小化进港航班的整体延误,提高机场的运行效率。进港航班排序调度适用于战术阶段的 ATFM。

7.3.1 进港航班单跑道排序调度模型分析

1. 定义与符号表示

单跑道排序调度模型参数及定义如表 7-2 所列。

表 7-2 单跑道排序调度模型参数及定义

名称	意义	名称	意义
F	航班集合 $i \in F$	AR_i	航班 i 所属的进近航线
ETA_i	航班 i 的预计到达时间	MSS_{ij}	航班 i,j 的最小安全间隔,$MSS_{ij} = MSS[Cat(i), Cat(j)]$
STA_i	航班 i 的预定到达时间	Δ_{ij}	航班 i,j 间的安全裕度
DT_i	航班 i 的延误时间	E_i	航班 i 的最早到达时间
$Cat(i)$	航班 i 的类型	L_i	航班 i 的最迟到达时间(不考虑盘旋)
C	单位延误成本	TA	航班时间提前量
DC_i	航班 i 的延误成本系数,$DC_i = DC[Cat(i)]$	TD	航班时间延迟量
AC_i	航班 i 的提前成本系数,$AC_i = AC[Cat(i)]$	TA_{max}	航班时间提前量的最大值
PC_i	航班 i 的优先级成本系数	TD_{max}	航班时间延迟量的最大值
λ_{ij}	航班 i,j 的位置约束函数		

2. 目标函数

航班排序的目标可以有很多,但归根到底是两方面问题:一方面总是希望航班能够尽快降落,因为快速降落既能加快航班流的运转速度(提高效率),又能降低航班在拥挤的进近区盘旋等待的时间(增强安全性,降低成本);另一方面,期望航班的运行成本能够降到最低,但不同的航班由于其本身性能以及重要程度的差异,使在相同的延误时间下得到不同的延误成本。因此,选择总降落时间最短为第一目标,在此基础上将总延误成本最小列为第二目标。

$$\text{Minimize}: \sum_{i \in F} STA_i$$

$$\text{Minimize}: \sum_{i \in F} DT_i [(DC_i + PC_i)\delta(DT_i) - (AC_i - PC_i)\delta(-DT_i)]C$$

$$\delta(x) = \begin{cases} 1, & x \geq 0 \\ 0, & x < 0 \end{cases}$$

其中，$DT_i = STA_i - ETA_i$，DT_i 大于 0 表示航班 i 延迟到达，等于 0 表示航班正点到达，小于 0 表示航班 i 提前降落；$DC_i + PC_i$ 是航班延迟到达的成本系数，$AC_i - PC_i$ 是航班提前降落的成本系数。

3. 约束条件

(1) 任意两架飞机的位置关系约束

$$\lambda_{ij} = \begin{cases} 1, & STA_i < STA_j \\ 0, & STA_i > STA_j \end{cases}, \quad \lambda_{ij} + \lambda_{ji} = 1$$

式中，λ_{ij} 表示航班 i 与航班 j 之间的位置关系，其取值只可能有 1、0 两种情况，$\lambda_{ij} = 1$ 表示航班 i 在航班 j 之前降落；$\lambda_{ij} = 0$ 表示航班 i 在航班 j 之后降落。

若 $\lambda_{ij} = 1$，则

$$STA_j - STA_i \geqslant MSS_{ij} + \Delta_{ij}$$

该约束表示如果航班 i 在航班 j 之前，则两架航班 i,j 之间的距离必须满足最小安全间隔要求，MSS_{ij} 由前后两机的顺序及机型决定。

(2) 同航路超越约束

若 $AR_i - AR_j = 0$，且 $ETA_i < ETA_j$，则有 $STA_i < STA_j$。

由于进场航班将沿不同的进近航线逐步降落在目的机场跑道上，且一个机场通常拥有多条进近航线，而航空器起降阶段是飞行过程中最为危险的阶段，因此航班在起降阶段都会受到更加严格的约束。在可能的情况下，相同进近航线的航班应该避免出现后机超越前机的情况，因为这既增加了管制难度，又提高了飞行成本，最重要的是在终端区拥挤狭窄的空域中，这种超越行为将大大降低飞行的安全性。

该约束表示同一进近航线的航班，不可进行后机超越前机的行为。也就是说，优化算法的调整都是在不同进近航线航班之间进行的，在时间上形成间隔合理、有序的进场队列，而非空间上紧密相连的航班进场流。

(3) 航班到达时刻的时间窗约束

航班通过目标点有三个典型时间，即

最早到达时间：航班通过加速飞行预计到达目标点的时间。

正常到达时间：航班按燃油有效的航速飞行预计到达目标点的时间。

最迟到达时间：不考虑盘旋的情况下，航班通过减速航行最晚到达目标点的时间。考虑盘旋的情况下，由于航班通常携带足够多的燃油，航班燃油耗尽时到达目标点的时间亦可认为足够大。

航班的预定到达时间 STA 必定在最早到达时间与最迟到达时间之间，同时由于进近区域对到达航班的严格限制以及航空器本身性能的约束，航班不可进行大范围加速和减速，但可以盘旋等待。因此有

$$STA_i \in [E_i + NT, L_i + NT]$$
$$E_i = ETA_i - TA_{max}$$
$$L_i = ETA_i + TD_{max}$$

式中，N 为盘旋圈数；T 为航班盘旋一圈所需的时间，为一定值。

7.3.2 进港航班多跑道排序调度模型分析

1. 定义与符号表示

多跑道排序调度模型参数及定义如表 7-3 所列。

表 7-3 多跑道排序调度模型参数及定义

名 称	意 义
FCFS 序列	FCFS 序列一般以航空器的 ETA 为排序基准。不失一般性,以 FCFS 序列中航空器的位置作为航空器的编号 $(1,2,\cdots,n)$
A_i	第 i 架航空器编号
ET_i	第 i 架航空器的最早降落时间
LT_i	第 i 架航空器的最晚降落时间
ETA_i	第 i 架航空器的预计降落时间(Estimated Time of Arrival)
STA_i	第 i 架航空器的调度降落时间(Scheduled Time of Arrival)
$[ET_i, LT_i]$	航空器的降落时间窗
时隙	连续的时间坐标下,动态规划算法无法实现,需要根据实际的精度要求设置最小时间单位,将时间离散化。一个最小时间单位称为一个时隙,一般一个时隙表示 1~10 s 是比较合适的,采用的单位时隙为雷达扫描周期(4 s)

2. 目标函数

进港排序常用的优化目标主要有吞吐量最大、延误最小、燃油花费最小等。本文采用的模型为:航空器可以提前 ETA 降落,即 $ET_i < ETA_i < LT_i$,提前降落会造成额外花费。于是吞吐量最大和花费最小的目标函数可以进行如下定义:

吞吐量最大:

$$\max \frac{n}{STA_{A_n} - t_0}$$

其中,STA_{A_n} 为最后一架航空器降落的时间,t_0 为算法开始调度的时间,设 t_0 为 0,于是吞吐量最大可等效为最后一架航空器降落时间 STA_{A_n} 最小。

降落总花费最小:

$$\min \sum_{i=1}^{n} c_i(STA_i)$$

其中,$c_i(STA_i)$ 为第 i 架航空器在 STA_i 降落时造成的额外花费。$c_i(\cdot)$ 的具体形式和航空器类型、负载等各种因素有关,且随航空器提前、滞后降落时间的增长,即 $c_i(STA_i)$ 先严格递减至 $0(STA_i = ETA_i)$,再严格递增。假设 $c_i(STA_i) = |STA_i - ETA_i|$。

3. 约束条件

(1) 最大位置偏移 MPS

最大位置偏移量(Maximum Positioning Shift, MPS)(即 k)表示优化后序列中某架航空器的位置与 FCFS 序列中位置的最大变化值。记优化后的序列为 $A_1, A_2, \cdots, A_n$,则有 $|A_i - i| \leqslant k$。

(2) 安全间隔要求约束

在同一条跑道上降落的前后两架航空器必须满足一定的安全时间间隔要求(一般由前、后航空器类型决定)。在国内外论文中比较常用的标准有美国联邦航空局与 ICAO 的间隔数据。不同的间隔数据对算法性能没有本质影响，本文采用国内论文常用的 ICAO 无风条件下不同类型的航空器之间最小尾流间隔距离标准，如表 7-4 所列。其中，H 表示航空器类型为重型，L 表示航空器类型为大型，S 表示航空器类型为小型。

表 7-4　最小时间间隔标准

单位：s

前机类型	后机类型		
	H	L	S
H	94	114	167
L	74	74	138
S	74	74	98

(3) 平行跑道模型

本算法采用的多跑道机场模型为平行跑道模型，即机场跑道平行，距离较近。可以认为，航空器到达两条跑道的时间基本相等。同时，不同跑道上降落的相邻航空器需要保证一定的安全时间间隔(由跑道间距离决定)，如双跑道模型时的跑道间安全间隔为 40 s。

(4) 航班到达时刻的时间窗约束

航班通过目标点有三个典型时间，即

最早到达时间：航班通过加速飞行预计到达目标点的时间。

正常到达时间：航班按燃油有效的航速飞行预计到达目标点的时间。

最迟到达时间：不考虑盘旋的情况下，航班通过减速航行最晚到达目标点的时间。考虑盘旋的情况下，航班燃油耗尽时到达目标点的时间，由于航班通常携带足够多的燃油，此项时间亦可认为足够大。

航班的预定到达时间 STA 必定在最早到达时间与最迟到达时间之间，同时由于进近区域对到达航班的严格限制以及航空器本身性能的约束，航班不可能进行大范围的加速和减速，但可以盘旋等待，因此有 $STA_i \in [ET_i, LT_i]$。

4. 求解算法

单跑道动态规划的基本思想是，按降落航空器架数 0 到 n 递推，递推到 m 架时，需要计算、存储满足条件的所有情况，即降落的所有 m 架航空器及其可能的所有排列方式。受 MPS 值 k 的影响，前 m 架航空器中，确定降落的有第 $1 \sim (m-k)$ 架航空器，已降落的第 $(m-k+1) \sim m$ 架航空器为原序列第 $(m-k+1) \sim (m+k)$ 航空器中的 k 架。所以可以用这 k 架航空器为第 m 层的航空器节点编号，每个节点存储一定的航空器降落时间信息，即可按一定目标递推求解问题。

多跑道情况时，只要为航空器节点扩充跑道信息、修改递推关系即可。多目标优化时，只须修改节点存储的信息与递推关系即可。当航空器数量较大时，在动态规划过程中增加了贪心策略,以减少计算量。

思考题

1. 空中交通流量管理一般划分为哪几个组织层级及运行阶段？各自有哪些管理措施？
2. 简述离港航班地面等待程序的确定型模型与随机型模型的区别与联系。
3. 简述离港航班地面等待程序的回溯算法。
4. 简述起降容量相互影响的地面等待程序模型的建模过程。
5. 对比分析单跑道和多跑道进港航班排序调度模型的区别与联系？
6. 对 7.3 节中进港航班排序调度模型,还可以采用哪些算法进行求解？简述基本思路。

第8章 未来空管系统发展

从20世纪90年代国际民航组织提出CNS/ATM新航行系统概念,到2003年全球空中交通管理运行概念出台,再到2012年全球航空系统组块升级计划发布,国际民航正在积极推动空管系统的不断发展和革新。2016年中国民用航空局空中交通管理局发布了中国民航空管关于未来发展的中长期战略纲要——《中国民航空管现代化战略(CAAMS)》。CAAMS是继美国NextGen、欧洲SESAR之后全球范围又一重要的空管系统发展规划。本章主要概述了国际民航普遍认同的未来空管系统发展趋势与主要特征,重点介绍了空天地一体化空事系统、基于四维航迹的运行、无人机空管等三类热点技术。

知识点
- 未来空管系统的发展趋势
- 空天地一体化空事系统的概念与关键技术
- 基于四维航迹运行的概念与关键技术
- 无人机空管的概念与关键技术

8.1 概 述

伴随着航空航天技术、卫星技术、新一代信息技术的持续发展,未来通信导航监视服务、空管运行服务的技术发展趋势也呈现出新的特征。

空管通信导航监视服务朝着高性能、高精度、空天地一体化方向发展。在通信领域,随着地面空管系统与航空器之间信息共享与交互的日益增加,传统地空窄带通信系统面临着更高性能的通信需求,飞行全阶段地空通信的宽带化已是大势所趋。在导航领域,卫星导航将逐步发展成主用导航系统,高精度、高可靠性是航空卫星导航系统追求的目标,双频多星座卫星导航和星基、空基、陆基等多基增强技术将是未来发展的重要方向。在监视领域,高精度无缝监视是各类空管监视系统发展的共同目标,随着航天科技的发展和卫星星座运行技术的日益成熟,利用星基系统的广域无缝覆盖能力和陆基系统的稳定可靠保障能力,实现卫星、航空器、陆基系统之间"空天地一体化"的通信、导航、监视应用将成为现实。

空管运行服务朝着一体化、精细化、灵活化方向发展。在ASBU的模块和引线矩阵中,TBO是各类引线的总集成和最终实现目标,并计划在2032年后全球推广应用。TBO的核心理念是以航空器全运行周期的四维航迹为中心实现一体化和精细化的运行。"一体化"既体现在航路、进场、场面运行、离场等不同阶段运行的一体化,也体现在空管、航空公司、机场等不同参与方决策的一体化,还体现在空域管理、流量管理、空中交通管制服务、气象与情报等不同空管业务围绕航迹运行的一体化。"精细化"主要体现在对空管系统运行服务能力和水平的要求,即通过精细控制、精准到达来实现空间和时间资源的精细利用。"灵活化"则是指随着PBN、PBCS等理念的应用推广,基于性能的服务被认为是未来空管服务一个基本原则,即根据不同性能的需求提供灵活、可配置的空管服务。

8.2 空天地一体化空事系统

空事系统是指为确保航空器安全飞行所需的专用航行信息综合服务保障系统,该系统须具备航空通信、飞行导航、跟踪监视、气象情报等综合信息服务能力,是航空安全乃至国家安全保障不可或缺的重大战略基础设施。随着航空运输量的持续增长,由地基无线电通信系统、导航设施、雷达等构成的传统地基空事信息系统,由于覆盖范围有限、建设部署受地理环境限制、服务能力难以扩展,逐渐暴露出运行安全、容量和效率等方面的问题。特别是在 MH370 事件之后,地基系统在洋区、偏远地区的航空器安全监控能力备受质疑。

20 世纪末以来,GPS 卫星定位系统、Inmarsat 海事卫星系统、Iridium 铱星系统等空间信息基础设施具有全球覆盖的突出优势,很快被引入航空领域,用于航空飞行导航与通信,在很大程度上弥补了洋区、偏远地区等空域地基系统能力不足的问题。然而,由于上述卫星系统并非航空专用系统,在实际应用中服务能力难以满足航空高性能、多业务、大容量的信息服务需求,特别是随着全球航空运输量的持续增长以及无人航空、亚轨道飞行等新型航空交通方式的出现,急需综合考虑航空各类信息服务需求,建立航空专用的空事卫星系统。

8.2.1 国内外发展现状

1. 国外发展现状

近年来,欧美等航空发达国家已就星基 ADS-B 系统开展了相关研究、验证试验工作。该领域比较典型的系统主要有两种,即加拿大 Aireon 公司的天基 ADS-B 系统、美国 ADS-B 技术公司和全球星(Globalstar)公司合作开发的 ADS-B 链路增强系统(ALAS)。另外,欧洲航天局、德国、丹麦也启动了各自的星基 ADS-B 计划,俄罗斯在这方面也做过概念论证。代表性系统如下:

(1) Aireon 星基 ADS-B 系统

Aireon 公司的星基 ADS-B 系统是目前唯一的系统架构与指标体系支撑管制运行、采用商业化运作、具备可持续运行能力的星基 ADS-B 系统。该系统以铱星公司的新一代铱星网络为基础(见图 8-1),将 ADS-B 1090ES 接收机安装在 75 颗 LEO 卫星上(其中包含 66 颗主用卫星与 9 颗备用卫星),主用卫星分布在 6 个轨道上,每个轨道有 11 颗卫星,进行覆盖全球的空管监视。该系统已经于 2019 年 1 月完成星座部署,并投入全球航空监视试运行。

(2) 美国 ADS-B 链路增强系统

美国 ADS-B 技术公司和全球星公司自 2008 年开始共同研发 ADS-B 链路增强(ADS-B Link Augmentation System,ALAS),如图 8-2 所示。该系统是全球首个星基 ADS-B 系统,自 2010 年开始进行飞行测试。2012 年 ADS-B 技术公司在阿拉斯加州的一座高度为 1 200 多米的深山中利用两架飞机完成了其 ALAS 试验。通过这次试验验证了星基 ADS-B 的可靠性。以该系统的性能计算,一颗"全球星"卫星可以在 1 600 km 的覆盖半径内跟踪 3 000 架飞机。

由于全球星星座建设情况基本停滞,目前 ALAS 系统前景很不明朗;并且由于 ALAS 系统需要在飞机上增加新的设备,其在民航的推广应用难度也十分大。

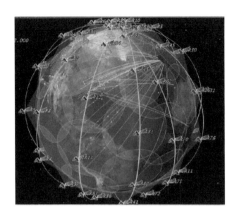

图 8-1　新一代铱星网络轨道示意

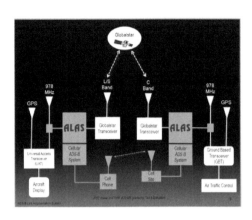

图 8-2　ALAS 系统构架

(3) 欧洲 Proba-V 卫星

2013 年 5 月 7 日,欧洲航天局(European Space Agency,ESA)发射了 Proba-V 卫星(见图 8-3)。该星主要用于植被观测和飞机监视技术试验,运行高度为 820 km,携带了德国宇航局(Deutsches Zentrum für Luft- und Raumfahrt,DLR)研制的 ADS-B 接收机。尽管从飞机发射的 ADS-B 信号到达卫星后已经非常微弱,但试验证明,在不升级现有机载设备的情况下,接收机仍然能够在 2 h 内接收到 12 000 个 ADS-B 数据。尽管 Proba-V 验证了利用低轨卫星接收 ADS-B 信号的可行性,但仅

图 8-3　Proba-V 卫星

完成了功能验证,其系统构架和设计指标并不能支持民航应用。

2. 国内发展现状

MH370 事件后国内也开始关注研究星基 ADS-B 系统,并发射了验证卫星。国防科技大学、上海微小卫星工程中心、北京航空航天大学均开展了搭载验证试验。

(1) 国防科技大学"吕梁一号"ADS-B 搭载试验

2015 年 9 月 20 日,国防科技大学设计与研制的"天拓三号"微纳卫星搭载"长征六号"运载火箭发射升空。"天拓三号"(见图 8-4)是由 6 颗卫星组成的集群卫星,包括 1 颗 20 千克级的主星、1 颗 1 千克级的手机卫星和 4 个 0.1 千克级的飞卫星。主星"吕梁一号"采用了通用化多层板式微纳卫星体系结构,主要开展新型星基船舶自动识别系统(Automatic Identification System,AIS)信号接收、ADS-B 信号接收、火灾监测、20 千克级通用化卫星平台技术等系列科学试验和新技术验证。

(2) 上海微小卫星工程中心"上科大二号"(STU-2)ADS-B 搭载试验

2015 年 9 月 25 日,"长征十一号"运载火箭成功将 4 颗卫星送入预定轨道,其中 3 颗立方体试验卫星"上科大二号"(STU-2)由中国科学院上海微小卫星工程中心研制,如图 8-5 所示。STU-2 主要载荷包括用于极地观测的小型光学相机、用于船舶信息采集的 AIS 接收机和用于飞机信息采集的 ADS-B 接收机。然而,与国防科技大学星基 ADS-B 系统类似,两种

系统均只验证了低轨卫星接收 ADS-B 的可行性,缺乏应用背景,其系统架构和指标体系均无法支持民航空管应用,因此也未能完成支持全球覆盖的星基 ADS-B 系统的关键技术验证。

图 8-4 "天拓三号"微纳卫星

图 8-5 "上科大二号"(STU-2)

(3) 北京航空航天大学"北航空事卫星一号"

2020 年 11 月 6 日,"北航空事卫星一号"(见图 8-6)搭载"长征六号"运载火箭在太原卫星发射中心发射成功。"北航空事卫星一号"是北京航空航天大学国家空管新航行系统技术重点实验室与天仪研究院联合设计的科学实验卫星,也是我国空事卫星系统的首颗关键载荷技术验证卫星。其上搭载的星基 ADS-B 载荷采用数字相控阵天线,突破了高灵敏度接收算法、数字多波束合成等多个关键技术,是国内首个面向空管管制运行需求而研制的星基 ADS-B 载荷。

图 8-6 "北航空事卫星一号"

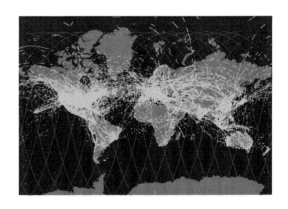

图 8-7 卫星获取的全球航空器分布

8.2.2 关键技术

1. 空事卫星系统构架及体制设计

空事卫星作为面向航空空管业务需求的专用卫星星座系统,其系统任务、业务对传输的要求以及系统服务的节点都具有特殊性,这些特殊性将影响卫星星座构型设计及星座组网协议设计,需要进行针对性的星座构型、部署策略、组网架构等体系构架设计。与传统网络相比,空事卫星网络具有两个突出特点:

① 网络节点存在快速的相对移动,包括航空用户节点与卫星节点的快速相对运动、卫星节点之间的相对运动、卫星节点与关口站之间的相对运动等;

② 空事卫星星座具有全球覆盖特性和航空终端用户分布不均衡性,由此可能导致网络流量分布不均衡、网络局部拥塞和效率低下。

2. 空事卫星有效载荷技术

空事卫星是空事卫星系统的核心节点,承载与空管业务相关的通信、导航、监视功能,但由于卫星载荷对功率、体积、重量等的约束,以及受太空环境等影响,需要研制对应的通信、导航、监视以及星座组网相关载荷。以星基 ADS-B 载荷为例,既要满足 ICAO 的《空中交通管理》(Doc 4444)等顶层运行文件要求,开展星载 ADS-B 多波束天线、多通道处理机制、多模信号识别与相关等关键技术攻关,又要开展载荷的空间环境适应性研究及长寿命设计研究。

3. 空事卫星网演示验证技术

空事卫星通信网络具有网络节点动态、网络业务专用、航空用户节点全球分布、网络节点处于空间环境、空天地一体化处理等特点,这些特点将对系统的路由交换策略、组网协议以及网络层、传输层协议和上层应用的性能产生重要影响。然而,上述影响因素的复杂性导致理论分析存在较大困难,因此需要构建空事卫星通信网络的模拟仿真平台,分析验证开发的设备的有效性。

8.3 基于四维航迹的运行

随着全球民航运输量的持续增长,传统采用的基于空域扇区的分区管控方式面临巨大挑战,管制员只能在所管制扇区内且航空器当前位置已知的情况下做出战术管制决策;对于流量密集的复杂空域,该方式已经暴露出其局限性,主要体现在管制员只能侧重于保持当前单架飞机间的间隔,而无法对飞机流做出全局的战略调控。如何提升空管系统保障能力、提升空中交通运行效率,成为全球民航界面临的共同课题。

基于航迹的精细化运行(Trajectory Based Operation,TBO)概念正是近年来国际民航界提出的一套系统级解决方案。它以对航空器全生命周期的四维航迹为基础,在空管、航空公司、航空器等相关方之间实时共享和动态维护航迹动态信息,进而实现多方协同决策。所谓四维航迹是由一连串的点连接而成的飞行路径,每个点在四个维度上(空间和时间)都有一定的精度要求,并通过赋予"可控到达时间",确保运行全程"可控、可达"。

与现行运行方式相比,TBO 有以下几个突出特点:

(1) 精细化

由于引入四维航迹,一方面空域资源的使用和管理由传统的航路、高度层或时刻等单一维度转变为四维时空间资源的综合维度,使得未来空管系统对空域资源的使用和管理更为精细化;另一方面,TBO 中强调航空器飞行过程的定时可控到达,到达时间窗口可达 ±10 s 的级别,相对于传统的分钟级运行,空中交通管理的时间精度大大提升。

(2) 协同化

协同决策是 TBO 运行概念的核心理念,其协同主要体现在以下几个方面:

① 运行协同,即参与航班航迹管理与维护的各相关方通过协同的信息环境进行协同决策;

② 信息协同,即构建综合飞行与流量、气象、情报等各类信息的协同信息环境;

③ 系统协同,即地面系统、机载系统的协同,特别是利用数据链技术实现地面空管系统与机载空管航空电子系统的协同。

(3) 可预知

由于信息的高度协同与共享,地面空管系统可以获取得到航空器机载飞行管理计算机计算的准确的未来飞行四维航迹,进而可以预知指定空域内未来的运行态势,大大提高空管系统情景态势感知的能力,便于提前开展流量管理的工作,消除潜在交通拥堵和飞行冲突。

8.3.1 国内外发展现状

1. 国外发展现状

在2018年全球第十三次航行大会上最新修订的《全球空中航行计划》中,国际民航组织已明确将TBO运行理念和技术作为未来15～20年全球民航发展的重点目标和任务。尽管国际民航业界对TBO的运行概念和发展方向有了相对统一的认识,美国、欧洲、国际民航组织也先后提出了TBO的发展路线图,然而支撑TBO运行的关键技术、系统设备、技术标准、运行规范等尚未成熟,TBO的运行概念距离实际应用还有相当长的距离。近年来,美国联邦航空局和欧洲航行安全组织(EUROCOTNROL)都在积极地逐步组织开展TBO相关的试验验证,寻求适合本地区或本国实际运行特点的解决方案。

(1) 美国联邦航空局TBO飞行试验

为验证TBO运行中飞行管理系统(Flight Management System,FMS)的定时到达控制(Required Time of Arrival,RTA)能力,美国联邦航空局于2011年11月30日至2011年12月22日在西雅图塔科马国际机场进行了大批次TBO飞行试验,试验选取了阿拉斯加航空公司833架次配备GE U10.7 FMS的波音-737NG飞机,对其中595架次做了RTA试验验证。飞行试验结果表明,有575架次(96.6%)飞机可在30 s的时间窗下按时到达指定下降点,RTA的引入可有效并准确地预测和控制航迹,FMS可以实现±5 s的到达时间控制精度。

(2) 欧洲航行安全组织TBO飞行试验

欧洲航行安全组织则将TBO的实施分为两个阶段,第一阶段是初始四维航迹运行(I-4D),第二阶段是全面四维航迹运行(Full 4D)。I-4D重点解决的是航空器自身实现四维航迹飞行引导和航空器与地面空地数字化协同管制的问题。在欧洲航行安全组织的支持下,空客公司联合马斯特里赫特高空管制中心以及霍尼韦尔、泰雷兹等航电与空管设备厂商,研发并升级了面向TBO运行的机载航电设备、地面空管设备,于2012年2月10日使用空客-320测试飞机完成了全球首次I-4D的航班飞行,测试飞机从图卢兹起飞,经停哥本哈根再飞往斯德哥尔摩。飞行试验结果表明,飞机到达指定下降点的时间精度可控制在±10 s以内。

2014年3月,欧洲航行安全组织又利用空客-320测试飞机开展了第二次I-4D飞行测试。此次测试的起点为法国图卢兹,飞行路线为图卢兹—哥本哈根—斯德哥尔摩,去程采用的是霍尼韦尔公司的FMS,回程采用的是泰雷兹公司的FMS。第二次飞行测试进一步证实,I-4D在提高安全性和环境绩效方面起到重要作用,能够有效减少燃油消耗,提高飞行可预测性和整体空中交通网络的效率。

2. 国内发展现状

为在新一轮空管技术升级中占据主动、提升我国空管新技术自主创新能力,经中国民用航空局建议,2015年6月"空中交通航迹运行技术与验证"项目成功列入科技部国家科技支撑计划。项目由民航数据通信有限责任公司牵头,联合北京航空航天大学等多家单位,经过3年多的产学研用协同攻关,突破了初始四维航迹运行中的地空ATN网络、数字化协同管制、机载四维飞行引导等方面的关键技术,研制了地空数据链处理系统、I-4D管制自动化系统、机载四维飞行引导设备等系列系统设备。为充分验证I-4D的技术系统能力和管制运行程序,项目团队联合法国空客公司、美国罗克韦尔柯林斯公司以及国内的管制运行单位开展了多层次、全方位的测试验证工作。

2019年3月20日,在中国民用航空局空中交通管理局的组织下,我国民航开展了首次初始四维航迹试验飞行。试验飞行由天津滨海机场飞至广州白云机场,再返回天津,途经6大管制单位,12个管制扇区,全程3 800多千米。试验飞机为空客-320,该机型具备四维航迹飞行管理(4D FMS)能力和ATN Baseline 2的数据通信能力。试验飞行充分验证了I-4D运行中的空地数字化协同管制、空地四维航迹共享等能力,并在试验飞行过程中的3个航路点进行了航空器定时到达能力的测试,3个点的RTA时间偏差均控制在5 s以内,实现定时定点的准确到达控制,且达到了国际先进水平。

8.3.2 关键技术

TBO运行概念的验证、实现与应用是一项覆盖面广、实施周期长、技术综合性强的复杂系统工程,不仅涉及空管飞行计划、流量管理系统、管制自动化系统、数据链系统以及机载航空电子系统等各类系统设备的升级与改造,还涉及管制运行流程、流量管理策略方法、飞行与流量信息标准等的更新与应用。未来空管系统须重点加强以下能力的发展与建设:

1. 协同信息环境

协同信息环境是实现TBO的基础,未来将重点发展基于SWIM平台的空管信息协同共享与交换技术,并采用飞行信息交换模型构建飞行与流量信息协同环境,支持航班飞行生命全周期的飞行航迹与流量相关信息的实时共享与动态更新。

2. 新一代地空数据链通信系统

先进的地空数据链系统是实现地空协同化、自动化的基础。TBO运行需要地空之间更高实时性与可靠性的信息交换,未来应加快面向TBO的新一代地空通信数据链服务相关技术的标准化进程。

3. 四维高分辨率数值气象预报技术

气象是影响四维航迹运行准确性和可靠性的重要因素。未来可通过构建四维数值气象预报模型,有效提高气象预报的时间和空间分辨率,从而满足机载四维航迹高精度计算要求。

4. 四维航迹智能管理与决策支持系统

覆盖航班全生命周期的四维航迹的高效管理是TBO提升空管运行效能的核心,必须依赖高效的决策支持工具,如飞行冲突探测与解脱系统、自主间隔保持系统、航班进离港管理系统、四维航迹网络化智能管理系统等,实现与空域管理、流量管理、管制指挥的有机融合。

8.4 无人机空管技术

无人驾驶是交通运输的重要发展方向。无人驾驶航空器(以下简称"无人机")在军民航领域具有广阔发展空间。美国研发的"全球鹰""捕食者"等大型无人机已完成无护航伴飞的跨洲和越洋飞行,展示了无人机与有人机协同运行、无人机融入国家空域系统的广泛需求与技术可行性。在无人机运行管控管理和科技方面我国面临挑战。现有空管系统尚不能适应无人机融合运行,无人机全面融入会给国家空域系统带来严重的安全威胁。2015年以来,无人机扰航事件已达数百起,无人机与有人机碰撞风险激增,已经成为飞行安全、公共安全和国防安全共同面临的巨大威胁,如果不能从科技上尽快破局解决,其将会成为制约我国无人机技术和产业发展的瓶颈。无人机融入国家空域系统将为我国带来重大机遇。它不仅是空管发展的必然趋势,也是我国在航空制造、运营、空管、应急等领域进入世界航空强国的重大机遇。同时,由于我国空域系统的多样性、复杂性,中国方案和成功经验可以在裁剪后适应全球任何国家,这将极大地增强我国在国际上的话语权,使我国在新一轮国际空管技术革命中占据主导地位。

8.4.1 国内外发展现状

1. 国外发展现状

2011年,美国国家航空航天局(National Aeronautics and Space Administration, NASA)、美国联邦航空局以及诸多高校和企业联合实施了针对无人机融合空域的UAS-NAS和无人机交通管理(Unmanned aircraft system Traffic Management,UTM)项目。UAS-NAS项目主要目标是为美国RTCA提供感知与避让系统(Detect And Avoid,DAA)、数据链(C2)等标准制定支持。UTM项目已在若干州开展了试点,进入最后的融合运行阶段。欧洲航行安全组织在2016年颁布了大型无人机融入空域系统的运行概念,确定了U-Space路线图,目前正在十余个成员国开展试点。另外,日本从2011年开始研究UTM技术,在全国不同地区进行了大量演示验证,目前已进入超视距运行阶段。具体项目概况如下:

(1) 美国UAS-NAS项目

NASA针对无人机融入国家空域系统的UAS-NAS项目(见图8-8(a))于2011年启动,分别开展了人在环路的集成测试(2014年6月—7月)、首次DAA飞行试验(2014年11月—12月)、第3次飞行试验(2015年6月—8月)和第4次飞行试验(2016年4月—6月),该项目已于2020年9月结束。项目利用Ikhana无人机(见图8-8(b))进行了多次公共空域内飞行,借助机载端安装的DAA传感器原型系统(雷达原型系统、ADS-B系统和TCAS系统),无人机可在周边有人驾驶航空器靠近时及时向远程操作员发送告警,或按照预先设定的机动方式自行机动避免相撞。

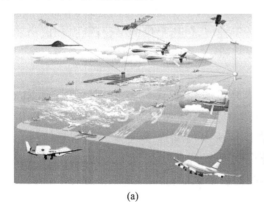

(a)   (b)

图8-8 美国UAS-NAS项目场景与试验无人机Ikhana

(2) 美国 UTM 项目

由 NASA 牵头,FAA、工业界、学术界共同参与的无人机交通管理项目(UTM)(见图 8-9)通过为无人机提供运行所需的运营服务和交通服务,实现对低空非管制空域的小型无人机运行管理。UTM 的技术发展大致分为 4 个阶段:第 1 阶段进行基于接口的网络化运行和信息共享能力测试;第 2 阶段进行无人机超视距运行、飞行意图共享和电子围栏等能力测试;第 3 阶段进行超视距运行、无人机防撞和静态障碍物规避等能力测试;第 4 阶段进行无人机跟踪和定位、动态障碍物规避以及处理大规模突发事件等能力测试。

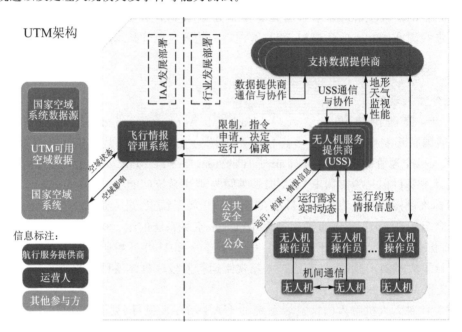

图 8-9 美国 UTM 管理框架

(3) 欧洲 U-Space 项目

与美国 UTM 理念类似,欧盟委员会和欧洲航空安全局于 2017 年发表的 U-Space 空域蓝图(见图 8-10),对城市上空无人机服务和监管框架方面的需求进行了概述,并按照服务等级制定了相应的实施路线:第 1 阶段于 2019 年开展,包括提供电子注册、电子识别和电子围栏基础服务在内的基础服务;第 2 阶段计划于 2022 年开展,包括提供飞行规划、追踪、与传统空管交互等在内的初始服务;第 3 阶段计划于 2027 年开展,包括提供冲突检测、自动监测和避障等在内的高级服务;第 4 阶段计划于 2035 年开展提供,高度自动化、数字化的全面服务。

(4) 日本 UTM 项目

日本 UTM 协会(JUTM)和新能源工业技术开发组织于 2017 年共同开展了国家 UTM 项目(见图 8-11),该项目具体通过飞行情报管理系统、无人机服务提供商、数据源提供商和运营商等的协同配合,为无人机提供安全高效运行所需的交通管理服务和信息服务。2017年,JUTM 已在福岛县围绕物流配送、灾害搜救等方面展开多台小型无人机同时飞行的试验。2018 年,NEDO 组织了多架无人机进行安全监控的演示试验,并于 2019 年进行了首次全系统演示。

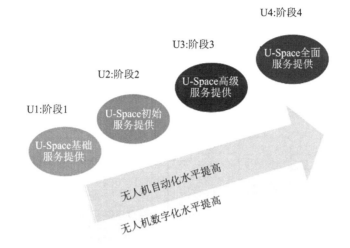

图 8-10 欧洲 U-Space 空域蓝图

图 8-11 日本 UTM 测试验证场景

2. 国内发展现状

国内部分高校和科研机构在低空监视、通信和无人机飞行情报服务系统（Unmanned Aircraft Traffic Management Information Service System，UTMISS）方面进行了相关尝试，初步研发了无人机交通管理演示验证系统、无人机感知与避撞系统，并于深圳和海南两个试点区域实现了无人机安全监管。目前，中国民用航空局同步开展了民用无人驾驶航空器综合管理平台（Integrated Management Platform of Civil Unmanned Aerial Vehicle，UOM）搭建工作，平台建成后可提供民用无人机注册登记、人员资质、航空器适航、空域动静态管理、飞行计划和航空情报等基础信息服务，并与商业云服务、运营人及无人机制造商共同构建完整的无人驾驶航空管理体系（见图 8-12）。

然而，我国目前尚未布局无人机融入国家空域的系统性研究，客观上与欧美在运行概念、关键技术、规则标准制定等方面都存在较大差距，未来亟需在国家层面开展系统性、全局性研究，组织演示验证，并同步开展国际合作推广。

8.4.2 关键技术

随着无人机的广泛应用，无人机人机分离、远程控制等特点使其面临较高的安全管控风

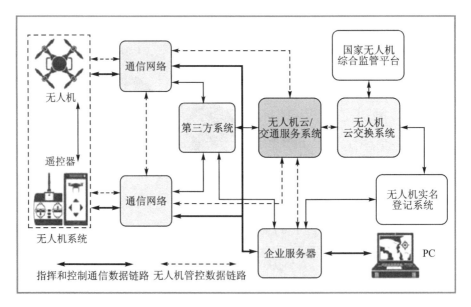

图 8-12 我国无人机交通管理系统框架组成

险,未来亟待对无人机的运行进行实时监视与管控,重点突破以下关键技术:

1. 远程识别与跟踪技术

为满足无人机运行监管需要,未来将对无人机进行严格的登记、授权和识别跟踪,以及时了解和识别无人机位置、高度、速度和航向等运行情况。通过远程识别无人机经过认证的电子牌照,监管机构可快速获取无人机的注册号身份信息、操作员位置信息,并实时监视飞行活动。

2. 感知与避让技术

无人机感知与避让技术是避免无人机相撞、确保空域安全的关键所在。未来将在无人机外部环境态势感知、多源感知数据融合处理与风险评估、自主避撞决策等方面开展研究,研发智能化、实时性的感知与避让系统,大幅提高无人机的防撞能力和安全水平。同时,改进和完善无人机防撞制度和体系,将防撞技术与制度体系相融合是无人机感知与避让工作的又一重点。

3. 数据链通信技术

无人机通信系统主要以数据链作为传输方式,同时无人机操作员须利用通信系统对无人机实施指令控制。因此,数据链路的稳定性和可靠性对于保障无人机安全飞行有着至关重要作用。未来无人机数据链技术将向高速、保密、抗干扰的方向发展,以提高信息传输的实效性、可靠性与安全性。

4. 数字化空域管理系统

低空无人机飞行量巨大,需要数字化处理技术快速实现运行管理与服务。通过构建数字化空域管理系统,将空间网格化信息与定位导航信息、遥感信息融合,使物理空间具有可标识、可存储、可计算的新属性,从而为无人机飞行、管控、运维提供虚拟的数字化空间,这将对无人机智能飞行、空域管理、管控服务带来颠覆性的变革。

思考题

1. 未来空管系统的发展具有哪些突出特征?
2. 空事系统的基本概念? 空天地一体化空事系统有哪些关键技术?
3. 与传统空管运行方式相比,基于四维航迹运行有何特点? 需要哪些方面的技术和系统的支撑?
4. 无人机空管与有人机空管有哪些主要差异? 重点需要解决哪些方面的技术问题?

附录 英文缩略语

英文缩写	中文释意	英文缩写	中文释意
AAC	航空行政通信	ASN	服务网络
AAIM	机载自主完好性监测	ATC	空中交通管制
ABAS	空基增强系统	ATFM	空中交通流量管理
A-BPSK	航空二相相移键控	ATIS	自动终端区信息服务
ACARS	飞机通信寻址报告系统	ATM	空中交通管理
ACC	区域管制中心	ATN	航空电信网
A-CDM	机场协同决策	ATS	空中交通服务
ACMS	飞机状态监测系统	ATSC	空中交通服务通信
ADS	自动相关监视	AVLC	航空甚高频链路控制
ADS-B	广播式自动相关监视	AWS	航空气象服务
ADS-C	合同式自动相关监视	BDS	北斗卫星导航系统
AEEC	航空电子工程委员会	BDSBAS	北斗星基增强系统
AeroMACS	航空移动机场通信系统	BS	基站
AES	机载地球站	CAAMS	中国民航空管现代化战略
AFTN	航空固定电信网	CDM	协同决策
AIM	航空信息管理	CDU	控制显示单元
AIS	航空服务信息	CIDIN	民用航空地面数据通信网
AIXM	航空信息交换模型	CM	内容管理
AL	告警服务	CMU	通信管理单元
ALAS	ADS-B链路增强系统	CNP	通信网络提供商
AMC	自适应调制编码	CNS/ATM	新航行系统
AMHS	航空报文信息处理系统	CPDLC	管制员与飞行员数据链通信
AMSS	航空移动卫星业务	CPS	公共部分子层
ANSP	空中航行服务提供商	CRM	碰撞风险模型
AOC	航空运控通信	CS	汇聚子层
APC	航空旅客通信	CSN	网络联通服务
APV	垂直引导进近	D8PSK	差分八相相移键控
A-QPSK	航空四相相移键控	DAA	感知与避让系统
ARAIM	先进接收机自主完好性监测	DAP	目录接入协议
ARINC	航空无线电公司	D-ATIS	数字自动终端区信息服务
ASBU	航空系统组块升级	DCIU	数据控制与接口单元
ASM	空域管理	DCL	电子放行许可
A-SMGCS	先进场面活动引导与控制系统	DES	离散事件仿真

续表

英文缩写	中文释意	英文缩写	中文释意
DGPS	差分全球定位系统	GDOP	几何精度因子
DLE	数据链路实体	GEAS	GNSS 演化架构小组
DLR	德国航天局	GEO	地球静止轨道
DLS	数据链路服务	GES	地面地球站
DME	测距仪	GHP	地面等待程序
DQM	数据质量监测	GIVE	格网点电离层垂直校正误差
DS	目录服务	GLONASS	全球导航卫星系统
DSA	目录服务代理	GLS	全球定位着陆系统
DUA	目录用户代理	GMSK	差分高斯最小频移键控
EASA	欧洲航空安全局	GNSS	全球导航卫星系统
EGNOS	欧洲地球静止导航覆盖服务	GPS	全球定位系统
EIRP	等效全向辐射功率	GRIMS	地基区域完好性监视系统
ERAM	航路自动化系统现代化	GW	网关
ES	终端系统	HDLC	高级数据链路控制
ESA	欧洲航天局	HF	高频
ESB	企业服务总线	HFDL	高频数据链
EUROCAE	欧洲民航电子组织	IAF	起始进近定位点
EUROCONTROL	欧洲航行安全组织	ICAO	国际民航组织
EXM	执行监测器	ICC	管制中心通信
FAA	联邦航空局	ICNSS	一体化的通信、导航、监视与频谱
FAF	最后进近定位点	IF	中间进近定位点
FANS	未来航行系统	IFR	仪表飞行规则
FD	故障检测	IGP	电离层格网点
FDD	频分双工	ILS	仪表着陆系统
FE	故障排除	Inmarsat	国际海事卫星
FF-ICE	飞行与流量协同信息环境	IP	互联网协议
FIR	飞行情报区	IPS	互联网协议系列
FIS	飞行情报服务	IS	中间系统
FIXM	航班信息交换模型	ISM	完好性支持信息
FMC	飞行管理计算机	ITWS	综合终端天气系统
FMS	飞行管理系统	IWXXM	ICAO 气象信息交换模型
FOC	飞行运行控制	LAAS	局域增强系统
FPL	飞行计划	L-DACS	L 频段宽带航空数据链系统
GAGAN	GPS 地球静止轨道增强导航系统	LEO	低地球轨道
GANP	全球空中航行计划	LGF	LAAS 地面站
GBAS	地基增强系统	LLC	逻辑链路控制子层

续表

英文缩写	中文释意	英文缩写	中文释意
LME	链接管理实体	RGS	远端地面站
MAC	介质访问控制子层	RLST	跑道降落服务时间
MAP	复飞点	RNAV	区域导航
MB	指点信标	RNP	所需导航性能
MCDU	多功能控制显示单元	RSP	所需监视性能
MEO	中地球轨道	RTA	定时到达控制
MET	气象信息服务	RTCA	航空无线电技术委员会
METAR	机场气象报	RVR	跑道视距
MLAT	多点定位	RVSM	缩小垂直间隔
MLS	微波着陆系统	SARPs	标准与建议措施
MPS	最大位置偏移	SBAS	星基增强系统
MQM	测量质量监测	SDU	卫星数据处理组件
MRCC	多接收机一致性检测	SESAR	单一欧洲天空空管研究
MS	移动用户站	SITA	国际航空电信协会
MSAS	多功能卫星增强系统	SMI	标准的报文标识码
MU	管理单元	SMT	标准报文格式
NAS	国家空域系统	SNDCP	子网相关汇聚协议
NASA	国家航空航天局	SQM	信号质量监测
NDB	无方向信标	SS	固定用户站
NextGen	下一代航空运输系统	SSR	二次监视雷达
NMDPS	网络管理数据处理系统	STA	调度降落时间
NOTAM	航行通告	S-TDMA	自组织时分多址
NUC	导航不确定度分类	SWIM	广域信息管理
OFDM	正交频分复用	TACAN	空中战术近程导航系统
OFDMA	正交频分多址	TAF	终端区天气预报
OSI	开放式系统互联	TAMR	终端区自动化系统现代化与更替
PBCS	基于性能的通信和监视	TBO	基于航迹的运行
PBN	基于性能的导航	TCAS	空中交通警戒与防撞系统
PBS	基于性能的监视	TCP	传输控制协议
PCM	脉码调制	TDD	时分双工
PDC	起飞前放行许可	TDM	时分复用
PRN	伪随机噪声	TDMA	时分多址
PSR	一次监视雷达	TEI	正文单元标识码
QZSS	准天顶卫星系统	TFMS	交通流量管理服务
RAIM	接收机自主完好性监测	TIS-B	广播式交通信息服务
RCP	所需通信性能	TLS	安全目标水平

续表

英文缩写	中文释意	英文缩写	中文释意
TWDL	双向数据链	VHF	甚高频
UDRE	用户差分距离误差	VI	语音接口
UOM	无人驾驶航空器综合管理平台	VME	甚高频管理实体
UTC	世界协调时	VOLMET	对空天气广播
UTM	无人机交通管理	VOR	甚高频全向信标
UTMISS	无人机飞行情报服务系统	VSS	VDL 模式 4 特定服务
VDL	甚高频数据链	WAAS	广域增强系统
VFR	目视飞行规则		

参考文献

[1] PARKINSON B W, SPILKER J J. Global positioning system-theory and applications [M]. Washington DC: AIAA, 1996.

[2] European Organisation for the Safety of Air Navigation. European ATM master plan [R]. Brussels: Eurocontrol, 2020.

[3] Federal Aviation Administration. NextGen implementation plan[R]. Washington DC: FAA, 2018.

[4] International Civil Aviation Organization. Performance-based communication and surveillance (PBCS) manual[R]. Doc 9869. Montreal: ICAO, 2017.

[5] International Civil Aviation Organization. Convention on international civil aviation[R]. Doc 7300. Montreal: ICAO, 2006.

[6] International Civil Aviation Organization. Global air navigation plan[R]. Doc 9750. Montreal: ICAO, 2016.

[7] International Civil Aviation Organization. Global ATM operational concept[R]. Doc 9854. Montreal: ICAO, 2005.

[8] GALOTTI V P. The future air navigation system (FANS): communications, navigation, surveillance-air traffic management (CNS/ATM)[M]. London: Routledge, 1997.

[9] ABEYRATNE R. Aviation in the digital age[M]. Cham: Springer, 2020.

[10] 谢进一, 石丽娜. 空中交通管理基础[M]. 北京: 清华大学出版社, 2012.

[11] 库克. 欧洲空中交通管理的理论与实践[M]. 北京: 中国民航出版社, 2013.

[12] International Civil Aviation Organization. Manual on VHF digital link (VDL)[R]. Doc 9776. Montreal: ICAO, 2001.

[13] MAHMOUD M, GUERBER C, LARRIEU N, et al. Aeronautical air-ground data link communications[M]. London: ISTE Ltd, 2014.

[14] KAMALI B. AeroMACS: an IEEE 802.16 standard-based technology for the next generation of air transportation systems[M]. Hoboken, New Jersey: John Wiley & Sons, 2019.

[15] STACEY D. Aeronautical radio communication systems and networks[M]. Chichester, West Sussex: J. Wiley, 2008.

[16] LEICK A, RAPOPORT L, TATARNIKOV D. GPS satellite surveying [M]. Hoboken, New Jersey: Wiley, 2015.

[17] MORTON Y T, DIGGELEN F, SPILKER J J, et al. Position, navigation, and timing technologies in the 21st century[M]. Hoboken: Wiley/IEEE Press, 2021.

[18] International Civil Aviation Organization. Advances surface movement guidance and control systems (A-SMGCS) manual[R]. Doc 9830. Montreal: ICAO, 2004.

[19] ALI B S. Aircraft surveillance systems: radar limitations and the advent of the automatic dependent surveillance broadcast[M]. New York: Routledge, Taylor & Francis Group, 2018.

[20] 张军. 空地协同的空域监视新技术[M]. 北京:航空工业出版社,2011.

[21] 王小谟,匡永胜,陈忠先. 监视雷达技术[M]. 北京:电子工业出版社,2008.

[22] 杜实. 空中交通监视服务[M]. 北京:中国民航出版社,2012.

[23] BESTUGIN A R, ESHENKO A A, FILIN A D, et al. Air traffic control automated systems[M]. Singapore: Springer, 2020.

[24] VAUGHAN D. Dead reckoning: Air traffic control, system effects, and risk[M]. Chicago: University of Chicago Press, 2021.

[25] 孙传军. 雷达管制实务[M]. 北京:国防工业出版社,2008.

[26] ARNOLD F. International air traffic control: management of the world's airspace[M]. Oxford: Pergamon Press, 1985.

[27] International Civil Aviation Organization. Manual on airspace planning methodology for the determination of separation minima[R]. Doc 9689. Montreal: ICAO, 1998.

[28] MILANE J. The sustainability of air transportation: a quantitative analysis and assessment[M]. Burlington, VT: Ashgate, 2007.

[29] 陈志杰. 空域管理理论与方法[M]. 北京:科学出版社,2012.

[30] 张明. 终端空域规划理论与方法[M]. 北京:科学出版社,2015.

[31] BUENO B, LI W, ANTONIO M, et al. Machine Learning: Concepts, Methodologies, Tools and Applications[M]. Hershey, PA: Information Science Reference, 2012.

[32] GLOVER C N. Computationally tractable stochastic integer programming models for air traffic flow management[D]. Maryland: University of Maryland at College Park, 2010.

[33] 胡明华. 空中交通流量管理理论与方法[M]. 北京:科学出版社,2010.

[34] 张洪海. 空中交通流量协同管理[M]. 北京:科学出版社,2016

[35] TERLAKY T, ANJOS M F, AHMED S, et al. Advances and trends in optimization with engineering applications[M]. Philadelphia: Siam, 2017.

[36] VALAVANIS K P, VACHTSEVANOS G J. Handbook of unmanned aerial vehicles[M]. Dordrecht: Springer Reference, 2015.

[37] GUNDLACH J. Designing unmanned aircraft systems[M]. Reston, VA: AIAA, 2012.

[38] 程擎,朱代武. 新一代空中交通管理系统[M]. 成都:西南交通大学出版社,2013.

[39] 李广文,翟少博,贾秋玲. 基于四维航迹运行的大型客机飞行引导技术[M]. 北京:电子工业出版社,2022.